Examens-Fragen
Chemie
für Pharmazeuten
Zum Gegenstandskatalog

H.P.Latscha G.Schilling H.A.Klein

Zweite, überarbeitete Auflage

608 Fragen mit 8 Abbildungen

Springer-Verlag
Berlin Heidelberg New York 1979

Professor Dr. Hans Peter Latscha
Anorganisch Chemisches Institut der Universität
Im Neuenheimer Feld 270, 6900 Heidelberg 1

Dr. Gerhard Schilling
Organisch Chemisches Institut der Universität
Im Neuenheimer Feld 270, 6900 Heidelberg 1

Dr. Helmut Alfons Klein
Organisch Chemisches Institut der Universität
Olshausenstr. 40–60, 2300 Kiel

ISBN-13:978-3-540-09419-7   e-ISBN-13:978-3-642-67335-1
DOI: 10.1007/978-3-642-67335-1

CIP-Kurztitelaufnahme der Deutschen Bibliothek
Latscha, Hans P.:
Examens-Fragen Chemie für Pharmazeuten : zum Gegenstandskatalog / H. P. Latscha ;
G. Schilling ; H. A. Klein. - 2., überarb. Aufl. - Berlin, Heidelberg, New York : Springer, 1979.
ISBN-13:978-3-540-09419-7

NE: Schilling, Gerhard:; Klein, Helmut A.:

Das Werk ist urheberrechtlich geschützt. Die dadurch begründeten Rechte, insbesondere die
der Übersetzung, des Nachdruckes, der Funksendung, der Wiedergabe auf photomechanischem
oder ähnlichem Wege und der Speicherung in Datenverarbeitungsanlagen bleiben, auch bei nur
auszugsweiser Verwertung, vorbehalten. Bei Vervielfältigungen für gewerbliche Zwecke ist
gemäß § 54 UrhG eine Vergütung an den Verlag zu zahlen, deren Höhe mit dem Verlag zu
vereinbaren ist.
© J. F. Lehmanns Verlag München 1975, 1977 and
© Springer-Verlag Berlin Heidelberg 1979

Die Wiedergabe von Gebrauchsnamen, Handelsnamen, Warenbezeichnungen usw. in diesem
Werk berechtigt auch ohne besondere Kennzeichnung nicht zu der Annahme, daß solche
Namen im Sinne der Warenzeichen- und Markenschutz-Gesetzgebung als frei zu betrachten
wären und daher von jedermann benutzt werden dürften.

Vorwort zur zweiten Auflage

Nach der Approbationsordnung für Apotheker werden die Pharmaziestudenten am Ende des ersten Ausbildungsabschnittes schriftlich mit multiple choice-Fragen geprüft. In der vorliegenden Fragensammlung haben wir versucht, das im "Gegenstandskatalog für den Ersten Abschnitt der Pharmazeutischen Prüfung" GKP1 geforderte chemische Grundwissen in multiple choice-Fragen umzusetzen. Es war unser Ziel, dem Studenten Übungsmaterial an die Hand zu geben, damit er sich mit der Frage-Antwort-Technik vertraut machen (Selbstkontrolle) und sein Chemiewissen überprüfen kann (Vorbereitung auf die Prüfungssituation).

Die meisten Fragen sind so ausgewählt, daß sie in der vorgesehenen Zeit von 90 Sekunden ohne Hilfsmittel wie z.B. Rechenschieber beantwortet werden können. Das im Gegenstandskatalog geforderte Wissen wird dabei vorausgesetzt. Es kann z.B. mit Hilfe des Buches von Latscha, Klein und Mosebach "Chemie für Pharmazeuten", einem Begleittext zum Gegenstandskatalog (Springer-Verlag, 2. Auflage 1979) erarbeitet bzw. repetiert werden.

Ebenso wie in der Prüfung sind auch schwierigere Fragen vorhanden. Dies gilt besonders für die Fragentypen C und D. Obwohl es manchmal nicht einfach war, geeignete plausible Distraktoren zu finden (d.h. falsche Antworten, die von der Lösung ablenken sollen), haben wir uns bemüht, zu den meisten Lernzielen wenigstens eine Frage zu stellen.

Die Fragen sind in der gleichen Reihenfolge angeordnet wie im Gegenstandskatalog.

Am Schluß der Fragensammlung findet sich der Antwortenschlüssel. Im übrigen möchten wir darauf hinweisen, daß die Fragensammlung kein Lehrbuch ersetzen kann. Für jede Kritik von Seiten der Benutzer sind wir dankbar.

Heidelberg, im August 1979

             Latscha
             Schilling
             Klein

Inhaltsverzeichnis

Vorwort zur zweiten Auflage III
Hinweise zur Benutzung der Fragensammlung VII
1. Allgemeine Chemie 1
2. Anorganische Chemie 93
3. Organische Chemie 117
Antwortenschlüssel 271

Ausklapptafel

Hinweise zur Benutzung der Fragensammlung *

Am Kopf jeder Frage finden sich 3 Angaben. Die 1. Zahl ist die Fragennummer, welche die Frage in diesem Buch erhält. Die 2. Zahl ist die Nummer des zugehörigen Lernziels des Gegenstandskatalogs. Die 3. Angabe ist der Fragen-Typ nach der Klassifizierung des Instituts für medizinische und pharmazeutische Prüfungsfragen in Mainz.

Fragentyp A = Einfachauswahl

Auf eine Frage oder unvollständige Aussage folgen 5 Antworten oder Ergänzungen, von denen eine einzige auszuwählen ist, und zwar entweder die einzig richtige oder die beste von mehreren möglichen oder die einzig falsche. Die Frage nach der einzig richtigen Antwort wird am häufigsten gestellt. Wenn nach der "besten" oder der einzig falschen Antwort gefragt wird, so geht dies aus dem Aufgabentext ausdrücklich hervor.

Fragentyp B = Aufgabengruppe mit gemeinsamem Antwortangebot (Zuordnung)

Jede Aufgabengruppe besteht aus
a) einer beliebigen Anzahl von numerierten Begriffen, Fragen oder Aussagen (= Aufgabenliste = Liste 1).
b) 5 durch die Buchstaben A - E gekennzeichneten Antwortmöglichkeiten (= Liste 2).

Eine Fragengruppe enthält so viele - einzeln bewertete - Aufgaben, wie die Aufgabenliste Punkte hat.
Zu jeder numerierten Aufgabe ist die Antwort A - E auszuwählen, die für zutreffend gehalten wird. Jede Antwortmöglichkeit kann einmal, mehrmals oder überhaupt nicht als Lösung vorkommen.

Fragentyp C = kausale Verknüpfung

Dieser Aufgabentyp besteht aus zwei durch das Wort "weil" verknüpfte Feststellungen.
Jede der beiden Feststellungen kann unabhängig von der anderen richtig oder falsch sein. Wenn sie beide richtig sind, kann die Verknüpfung durch "weil" richtig oder falsch sein.

---

*siehe auch Ausklapptafel am Ende des Buches.

Bitte kreuzen Sie die Antwort A - E an, die nach Ihrer
Meinung die beiden Feststellungen und ihre Verknüpfung
richtig beurteilt:

Antwort	Feststellung 1	Feststellung 2	Verknüpfung
A	richtig	richtig	richtig
B	richtig	richtig	falsch
C	richtig	falsch	–
D	falsch	richtig	–
E	falsch	falsch	–

Fragentyp D = Antworten mit Aussagenkombinationen

Auf eine Frage oder unvollständige Aussage folgen numerierte Begriffe oder Sätze, von denen <u>einer oder mehrere</u> zutreffen können.
Für jede Aufgabe nach Typ D werden 5 Kombinationen der numerierten Aussagen vorgegeben.
Aus diesen mit den Buchstaben A - E gekennzeichneten Antworten wählen Sie bitte die Aussagenkombination aus, die Sie für richtig halten.

1 Allgemeine Chemie

1.01 1.1.1. Fragentyp A

Welche Aussage über das Atom trifft nicht zu?

A. Atome sind aus Elementarteilchen aufgebaut.
B. Der Atomkern ist positiv geladen.
C. Der Atomkern enthält immer so viele Neutronen wie Protonen.
D. Die Elektronenhülle bedingt hauptsächlich das Atomvolumen.
E. Im Atomkern konzentriert sich die Hauptmasse des Atoms.

1.02 1.1.1 / 1.1.8 Fragentyp A

Welche Aussage trifft nicht zu?

A. Massendefekt heißt die Differenz zwischen der tatsächlichen Masse eines Atomkerns und der Summe der Massen seiner Bausteine.
B. Bei der Kombination von Nucleonen zu einem stabilen Kern wird Energie frei.
C. Für die nucleare Bindungsenergie gilt das Äquivalenzprinzip von Einstein: $E = m \cdot c^2$.
D. Die Ordnungszahl entspricht stets der Protonenzahl.
E. In allen Kernen ist die Neutronenzahl stets gleich der Hälfte der Kernladung.

| 1.03 | 1.1.2 | Fragentyp B |

Welche der Ladungen (A-E) aus Liste 2 tragen jeweils die in Liste 1 genannten Elementarteilchen?

Liste 1   Liste 2

1) Proton   A. -1
2) Neutron   B. 0
3) Elektron   C. +0,1
                       D. +1
                       E. +10

| 1.04 | 1.1.2 | Fragentyp A |

Der Durchmesser eines Atoms beträgt etwa

A. 10^{-4} cm (= 10^{-6} m)
B. 10^{-6} cm (= 10^{-8} m)
C. 10^{-8} cm (= 10^{-10} m)
D. 10^{-12} cm (= 10^{-14} m)
E. 10^{-23} cm (= 10^{-25} m)

| 1.05 | 1.1.2 | Fragentyp A |

Die relativen Massen von Proton, Neutron und Elektron verhalten sich zueinander wie

A. 0,5 : 1   : 10^{-3}
B. 1   : 0,5 : 0,1
C. 1   : 0,1 : 1
D. 1   : 1   : 10^{-4}
E. 10^2 : 10 : 1

| 1.06 | 1.1.3 | Fragentyp A |

Welche Aussage über die Massenzahl eines Elements trifft nicht zu?

A. Sie ist die Summe der Zahl der Neutronen und Protonen.
B. Sie entspricht ungefähr der Atommasse.
C. Sie ist stets ganzzahlig.
D. Sie ist die Summe der Masse der Isotope eines Elements.
E. Sie hat für jedes Isotop einen bestimmten Wert.

1.07	1.1.3	Fragentyp C

Ein chemisches Element läßt sich durch seine Ordnungszahl eindeutig charakterisieren,

weil

jedes Element aus Isotopen gleicher Kernladungszahl besteht.

1.08	1.1.3	Fragentyp D

Aus der Angabe $^{14}_{6}C$ kann man entnehmen, daß dieses Element

1) ein Kohlenstoffisotop ist
2) in seiner Elektronenhülle 8 Elektronen enthält
3) die relative Atommasse 20 hat
4) in seinem Kern 8 Neutronen enthält
5) maximal 6 Elektronen abgeben kann
6) radioaktiv ist und daher nur aus Protonen und Neutronen besteht

Wählen Sie bitte die zutreffende Aussagenkombination.

A. Nur 1 ist richtig
B. Nur 3 und 6 sind richtig
C. Nur 1, 4 und 5 sind richtig
D. Nur 2, 3 und 4 sind richtig
E. Nur 1, 5 und 6 sind richtig

1.09	1.1.3	Fragentyp A

Welche Aussage trifft zu?
Die Massenzahl eines Elements ist

A. die Summe aus der Zahl der Protonen und Neutronen
B. die Summe aus Ordnungszahl und Kernladungszahl
C. gleich der Zahl der Protonen
D. gleich der Summe der Massen der Protonen und Elektronen
E. gleich der Summe der Massen der Neutronen und Elektronen

1.10	1.1.3	Fragentyp A

Welche Antwort trifft zu?
Ein Element läßt sich eindeutig charakterisieren durch seine

A. Neutronenzahl
B. Massenzahl
C. Protonenzahl
D. Atommasse
E. Elektronenzahl

1.11	1.1.3	Fragentyp A

Wieviele Neutronen enthält das Chlorisotop $^{37}_{17}Cl$

A. 7
B. 10
C. 17
D. 20
E. 27

1.12	1.1.3 / 1.1.6	Fragentyp C

Isotope eines Elements haben verschiedene Ordnungszahlen aber gleiche Massenzahl,

<u>weil</u>

die Massenzahl für ein Element charakteristisch ist.

	1.1.3	
1.13	1.9.3	Fragentyp A

Eine Substanz mit der Elementarzusammensetzung 50,05% Schwefel und 49,95% Sauerstoff hat als einfachste Formel

                    Atomverhältnis

- A. SO 1:1
- B. SO_2 1:2
- C. SO_3 1:3
- D. S_2O_3 2:3
- E. S_2O_7 2:7

(Atommassen: O = 16, S = 32)

	1.1.3	
1.14	1.9.3	Fragentyp A

Wie groß ist die theoretische Ausbeute an Wasser bei der Umsetzung von Wasserstoff und Sauerstoff nach der Gleichung:

$$2 H_2 + O_2 \longrightarrow 2 H_2O$$

wenn 8 g Wasserstoffgas umgesetzt werden (bei Überschuß an Sauerstoff)?

(Atommassen: H = 1, O = 16)

- A. 21 g
- B. 27 g
- C. 32 g
- D. 63 g
- E. 72 g

1.15	1.1.4	Fragentyp B

Ordnen Sie bitte den Verbindungen in Liste 1 die richtige Molekülmasse aus Liste 2 zu:

Liste 1

1) H_2O
2) H_2O_2

Liste 2

A. 9
B. 18
C. 34
D. 36
E. 68

(Atommassen: H = 1, O = 16)

1.16	1.1.4	Fragentyp C

Das Wasserstoffatom $_1^1H$ hat die Atommasse 1,0079 u,

<u>weil</u>

u als atomare Masseneinheit (1/12 der Masse von $_6^{12}C$) definiert wurde.

1.17	1.1.4	Fragentyp A

Die Atommasse des Wasserstoffs (absolute Atommasse) beträgt etwa

A. 10^{-24} g
B. 10^{-12} g
C. 10^{-3} g
D. 10^8 g
E. 10^{23} g

1.18	1.1.4 1.1.5	Fragentyp D

Welche Aussagen treffen zu?

Das Molekularmasse in der atomaren Masseneinheit u

1) gibt an, wievielmal schwerer das Molekül ist als $_1^1H$
2) gibt an, wievielmal schwerer das Molekül ist als 1/12 des Kohlenstoffisotops $_6^{12}C$

3) ist die Summe der Atommassen aller Atome eines Moleküls (in u)

4) ist identisch mit der Molarität eines Moleküls

Wählen Sie bitte die zutreffende Aussagenkombination.

A. Nur 2 ist richtig
B. Nur 2 und 3 sind richtig
C. Nur 2 und 4 sind richtig
D. Nur 1, 2 und 3 sind richtig
E. Alle Aussagen sind richtig

1.19   1.1.5   Fragentyp A

Die Avogadrokonstante N_A (Loschmidtsche Zahl N_L) ist

A. eine bestimmte Anzahl von Teilchen
B. die Konzentration einer Substanz in 1 Liter Lösung
C. die Zahl der Moleküle in einem Liter Gas
D. abhängig vom Aggregatzustand der betrachteten Substanz
E. Keine der genannten Aussagen ist richtig

1.20   1.1.5 1.9.3   Fragentyp A

Welche der folgenden Reaktionsgleichungen ist stöchiometrisch richtig?

A. $Ca(OH)_2 + H_3PO_4 \longrightarrow Ca_3(PO_4)_2 + 6 H_2O$

B. $3 Ca(OH)_2 + 2 H_3PO_4 \longrightarrow Ca_3(PO_4)_2 + 4 H_2O$

C. $3 Ca(OH)_2 + 2 H_3PO_4 \longrightarrow Ca_3(PO_4)_2 + 2 H_2O$

D. $3 Ca(OH)_2 + 2 H_3PO_4 \longrightarrow Ca_3(PO_4)_2 + 6 H_2O$

E. $3 Ca(OH)_2 + H_3PO_4 \longrightarrow Ca_3(PO_4)_2 + H_2O$

1.21	1.1.6	Fragentyp A

Welche Aussage trifft zu?
Isotope eines Elements haben

A. gleiche Kernladungszahl und gleiche Neutronenzahl
B. gleiche Kernladungszahl und gleiche Massenzahl
C. gleiche Ordnungszahl aber verschiedene Kernladungszahl
D. gleiche Ordnungszahl aber verschiedene Elektronenzahl
E. gleiche Kernladungszahl aber verschiedene Massenzahl

1.22	1.1.6	Fragentyp A

Welche Aussage über Isotope trifft zu?

A. Es gibt nur stabile Isotope.
B. Es gibt nur instabile Isotope.
C. Isotope sind Nuclide mit gleicher Protonenzahl.
D. Isotope sind stets radioaktiv.
E. In allen Isotopen eines Elements ist stets die Protonenzahl gleich der Neutronenzahl.

1.23	1.1.6	Fragentyp A

Welche Aussage trifft zu?
Ein Isotop

A. ist ein Elementarteilchen
B. ist eine Atomart (Nuclid) eines Elements
C. ist Teil eines radioaktiven Atoms
D. besteht nur aus Protonen und Neutronen
E. Keine der genannten Aussagen trifft zu

1.24	1.1.6	Fragentyp A

Welche Aussage über die Aktivität eines radioaktiven Präparates trifft zu?

A. Sie ist unabhängig vom jeweiligen Element.
B. Sie zeigt eine lineare Abnahme mit der Zeit.
C. Sie nimmt ab entsprechend einer Reaktion nullter Ordnung.
D. Sie nimmt ab entsprechend einer Reaktion erster Ordnung.
E. Sie ist unabhängig von der Ausgangsmenge.

1.25	1.1.6 2.2.2	Fragentyp A

Welche Aussage trifft nicht zu?
Das Wasserstoff-Isotop ^2_1H

A. ist das einfachste existenzfähige Atom
B. besteht aus einem Proton, einem Neutron und einem Elektron
C. hat die Ordnungszahl eins
D. hat die Massenzahl zwei
E. ist eine Atomart (Nuklid) des Elements Wasserstoff

1.26	1.1.7	Fragentyp D

Welche Aussagen treffen zu?
Neutronen

1) haben eine maximale kinetische Energie von 7,8 eV
2) sind wichtige Reaktionspartner für Kernreaktionen
3) sind ungeladen
4) werden bei Kernreaktionen nicht von Protonen abgestoßen
5) sind in Kernen stets mit der gleichen Anzahl Protonen kombiniert

Wählen Sie bitte die zutreffende Aussagenkombination.

A. Nur 3 ist richtig
B. Nur 2 und 4 sind richtig
C. Nur 2, 3 und 5 sind richtig
D. Nur 1, 2, 3 und 4 sind richtig
E. Alle Aussagen sind richtig

1.27   1.1.7   Fragentyp A

Welche Aussage trifft zu?
α-Strahlen bestehen aus

A. Heliumatomkernen
B. Elektronen
C. elektromagnetischer Strahlung
D. Lichtquanten
E. γ-Quanten

1.28   1.1.7   Fragentyp A

Welche Aussage trifft zu?
β-Strahlen bestehen aus

A. Heliumatomkernen
B. Elektronen
C. elektromagnetischer Strahlung
D. Lichtquanten
E. Protonen

1.29   1.1.7   Fragentyp A

Welche Aussage trifft zu?
γ-Quanten sind

A. Heliumatomkerne
B. Elektronen
C. elektromagnetische Strahlung
D. Lichtquanten
E. energiereiche Protonen

1.30   1.1.7   Fragentyp B

Ordnen Sie bitte den Begriffen in Liste 1 die richtige
Definition aus Liste 2 zu

Liste 1

1) α-Strahlen
2) β-Strahlen

Liste 2

A. Elektrisch neutrale Teilchen
   mit der relativen Masse 1

B. Elektronen mit einer Energie
von 0,02 - 0,04 MeV

C. Zweifach positiv geladene
Heliumatomkerne mit einer
Energie von ~ 4 - 6 MeV

D. Elektromagnetische Strahlung
kleiner Wellenlänge

E. Protonen mit der relativen
Masse 1 und der Ruhemasse
$1{,}673 \cdot 10^{-27}$ kg

1.31 1.1.7 1.14.4   Fragentyp A

Welche Aussage trifft zu?
Unter dem Begriff "Halbwertzeit" versteht man

A. die Hälfte der Zeit, die eine Reaktion bis zum Reaktionsende benötigt

B. die Zeit, in der die Hälfte der zu Beginn vorhandenen Menge des Ausgangsstoffes umgesetzt wurde

C. die Zeit, in der die Hälfte der Produktmenge gebildet wird

D. die Zeit, die für die Gleichgewichtseinstellung benötigt wird

E. den zeitlichen Unterschied zwischen den Geschwindigkeiten von Hin- und Rückreaktion

---

1.32 1.1.8 1.1.10   Fragentyp A

Welche Aussage über Elektronen und Orbitale trifft nicht zu?

A. Elektronen können in einem Atom jeden beliebigen Energiewert annehmen.

B. Ein Atomorbital kann höchstens mit zwei Elektronen besetzt werden.

C. Es gibt keine Elektronen, die in allen Quantenzahlen übereinstimmen.

D. Jedes Elektron in einem Atom kann durch vier Quantenzahlen eindeutig charakterisiert werden.

E. Das Orbital ermöglicht eine Aussage über die Aufenthaltswahrscheinlichkeit eines Elektrons.

1.33 1.1.9 Fragentyp D

Prüfen Sie bitte folgende Aussagen über Atomspektren:

1) Atomspektren können Absorptions- oder Emissionsspektren sein.
2) Zwischen Energie und Frequenz eines Lichtquants gilt die Beziehung $E = h\nu$
3) Die Frequenz einer Spektrallinie entspricht der Energiedifferenz zweier Elektronenzustände.
4) Die Linien eines Atomspektrums entsprechen den möglichen Elektronenübergängen innerhalb der Atome.

Wählen Sie bitte die zutreffende Aussagenkombination.

A. Nur 1 ist richtig
B. Nur 2 und 3 sind richtig
C. Nur 1 und 4 sind richtig
D. Nur 3 und 4 sind richtig
E. Alle Aussagen sind richtig

1.34 1.1.9 Fragentyp A

Welches der Bauelemente A-E ist nicht Bestandteil eines Spektralphotometers?

A. Lichtquelle
B. Monochomator
C. Küvette
D. Dialysator
E. Empfänger

1.35 1.1.9 Fragentyp A

Berechnen Sie bitte den molaren Extinktionskoeffizienten einer Substanz, deren 0,1 molare Lösung bei 1 cm Schichtdicke eine Extinktion von 1 ergibt ($E = \varepsilon \cdot c \cdot d$)

A. 0,02
B. 0,1
C. 1
D. 2
E. 10

1.36 1.1.9 Fragentyp A

Die richtige Reihenfolge der Anordnung der Bauelemente eines Spektralphotometers ist

A. Lichtquelle - Küvetten - Empfänger - Monochromator
B. Lichtquelle - Küvetten - Monochromator - Empfänger
C. Lichtquelle - Empfänger - Küvetten - Monochromator
E. Keine der genannten Reihenfolgen ist richtig

1.37 1.1.9 Fragentyp A

Welche Antwort trifft zu?
Mit dem Lambert-Beerschen Gesetz berechnet man

A. die Konzentration einer Lösung
B. die optische Dichte einer Flüssigkeit
C. den Brechungsindex einer Flüssigkeit
D. den Verteilungskoeffizienten einer Mischung
E. das spezifische Gewicht einer Flüssigkeit

1.38 1.1.9 Fragentyp A

Welche Antwort trifft zu?
Die Absorption von ultraviolettem und sichtbarem Licht beruht auf

A. der Bildung von Zersetzungsprodukten
B. der Anregung von Elektronen
C. der Anregung von Molekülschwingungen
D. der Änderung des Dipolmoments von Bindungen
E. der Abtrennung von Elektronen

1.39 1.1.9 Fragentyp C

Die Molextinktion ist von der Wellenlänge des eingestrahten Lichts abhängig,

<u>weil</u>

die Extinktion einer Probenlösung als Absorptionsintensität der Probe bei einer bestimmten Wellenlänge definiert ist.

1.40 1.1.9 Fragentyp C

Welche Aussage trifft zu?
Die Absorption von infrarotem Licht beruht auf

A. der Abtrennung von Elektronen
B. der Anregung von Molekülschwingungen
C. der Zersetzung des absorbierenden Moleküls
D. der Anregung von π-Elektronen
E. der Anregung von einsamen Elektronen

1.41 1.1.9 Fragentyp A

Welcher mathematische Zusammenhang besteht zwischen Energie E und Frequenz ν eines Lichtquants? (m = Masse, c = Lichtgeschwindigkeit, h = Plancksches Wirkungsquantum)

A. $E = h \cdot \nu$
B. $E = m \cdot c^2 \cdot \nu$
C. $E = m \cdot \nu$
D. $\nu = E \cdot h$
E. $2\pi\nu = E \cdot h$

1.42 1.1.10 Fragentyp D

Welche Aussagen über Atomorbitale treffen zu?

1) Wellenfunktionen für stationäre Zustände von Elektronen in einem Atom nennt man Atomorbitale.
2) Ein Orbital kann qualitativ als Raum der Aufenthaltswahrscheinlichkeit von Elektronen beschrieben werden.

3) Zur eindeutigen Charakterisierung von Orbitalen genügt die Angabe der Nebenquantenzahl l.
4) Die Ladungswolke von s-Orbitalen kann als kugelförmig betrachtet werden.
5) Die Ladungswolke von p-Orbitalen kann angenähert als hantelförmig beschrieben werden.

Wählen Sie bitte die zutreffende Aussagenkombination.

A. Nur 1, 3 und 4 sind richtig
B. Nur 2, 3 und 4 sind richtig
C. Nur 2, 3 und 5 sind richtig
D. Nur 1, 2, 4 und 5 sind richtig
E. Alle Aussagen sind richtig

1.43   1.2.1   Fragentyp A

Welche Aussage trifft zu?
Das Periodensystem der Elemente entsteht, wenn man die Elemente

A. nach steigender Atommasse anordnet
B. nach zunehmendem Atomradius anordnet und zusätzlich nach ihrem Ionisierungspotential untergliedert
C. nach zunehmendem metallischen Charakter in Perioden einteilt
D. nach steigender Kernladungszahl anordnet und chemisch verwandte Elemente in Gruppen zusammenfaßt
E. unter Berücksichtigung von Ionenradius und Elektronegativität nach ihrer Reaktivität in Elementfamilien einordnet

1.44   1.2.2   Fragentyp A

Welche Zuordnung ist nicht richtig?

A. K   - Alkalimetall
B. Cl_2 - Halogen
C. H_2 - Edelgas
D. Ba - Erdalkalimetall
E. F_2 - Halogen

1.45   1.2.2   Fragentyp A

Welche Zuordnung ist nicht richtig?

A. As - Arsen
B. O - Sauerstoff
C. Au - Silber
D. Mg - Magnesium
E. He - Helium

1.46   1.2.2   Fragentyp A

Welche Zuordnung ist nicht richtig?

A. Li - Lithium
B. Na - Natrium
C. K - Kupfer
D. Ba - Barium
E. F - Fluor

1.47   1.2.2   Fragentyp C

Die seltenen Erden (Lanthaniden) sind äußerst reaktive, aber seltene Verbindungen,

weil

bei den Lanthaniden innere Elektronenschalen schrittweise aufgefüllt werden.

1.48   1.2.2   Fragentyp A

Welche Aussage trifft nicht zu?

Für Hauptgruppenelemente gilt:

A. Beim Durchlaufen einer Periode von links nach rechts werden nur die inneren Schalen aufgefüllt.
B. Beim Durchlaufen einer Periode von links nach rechts werden hauptsächlich die äußeren Schalen aufgefüllt.

C. Die Gruppennummer gibt die maximale Oxidationszahl an.
D. Innerhalb einer Gruppe nimmt der Elementradius von oben nach unten zu.
E. Beim Durchlaufen einer Periode von links nach rechts nimmt die Elektronegativität zu.

1.49　　　　　　　1.2.2　　　　　　Fragentyp A

Welche Zuordnung trifft <u>nicht</u> zu?

A. Eisen - Fe
B. Gold - Au
C. Kupfer - Cu
D. Zink - Sn
E. Cobalt - Co

1.50　　　　　　　1.2.2　　　　　　Fragentyp A

Welche Zuordnung Element - Stellung im PSE trifft <u>nicht</u> zu?

A. Te - 6. Hauptgruppe
B. I - 7. Hauptgruppe
C. Ga - 4. Hauptgruppe
D. Sr - 2. Hauptgruppe
E. Ar - 8. Hauptgruppe

1.51　　　　　　　1.2.2　　　　　　Fragentyp A

Welche Zuordnung trifft zu?

A. Zink - Zn
B. Quecksilber - Ag
C. Platin - P
D. Chrom - C
E. Gold - As

1.52   1.2.2   Fragentyp A

Welche Angabe über die Stellung der genannten Elemente im Periodensystem trifft nicht zu?

A. K - 1. Hauptgruppe
B. Li - 1. Hauptgruppe
C. C - 4. Hauptgruppe
D. S - 7. Hauptgruppe
E. O - 6. Hauptgruppe

1.53   1.2.2   Fragentyp A

Welche Angabe über die Stellung der genannten Elemente im Periodensystem trifft nicht zu?

A. Na - 1. Hauptgruppe
B. Ba - 2. Hauptgruppe
C. N - 5. Hauptgruppe
D. P - 6. Hauptgruppe
E. Cl - 7. Hauptgruppe

1.54   1.2.2   Fragentyp B

Ordnen Sie bitte die Elemente in Liste 1 den Teilen des Periodensystems in Liste 2 zu

Liste 1   Liste 2

1) Ra   A. 1. Periode
2) Ru   B. 2. Periode
                       C. 2. Hauptgruppe
                       D. 8. Nebengruppe
                       E. 6. Periode

1.55   1.2.2
       2.10.1   Fragentyp D

Welche der nachfolgend angegebenen Elemente sind Nebengruppen-Elemente?

1) Na   4) Co
2) P   5) Au
3) Fe

Wählen Sie bitte die zutreffende Aussagenkombination.

A. Nur 1 und 3 sind richtig
B. Nur 2 und 5 sind richtig
C. Nur 3 und 4 sind richtig
D. Nur 1, 2 und 3 sind richtig
E. Nur 3, 4 und 5 sind richtig

1.56   1.2.2 / 2.10.1   Fragentyp A

Welche Aussage trifft nicht zu?
Für Nebengruppenelemente gilt:

A. Sie füllen beim Durchlaufen einer Periode von links nach rechts vorzugsweise die inneren Schalen auf.
B. Sie kommen oft in mehreren Oxidationsstufen vor.
C. Sie sind im allgemeinen Metalle.
D. Sie bilden oft Komplex-Verbindungen.
E. Sie sind schlechte elektrische Leiter.

1.57   1.2.3   Fragentyp D

Welche Aussagen über das Periodensystem der Elemente sind richtig?

1) Chemisch verwandte Elemente stehen im Periodensystem in der gleichen Periode.
2) Im Periodensystem sind die Elemente nach steigender Kernladungszahl angeordnet.
3) Im Periodensystem werden ausgehend vom Wasserstoff die Energieniveaus entsprechend ihrer energetischen Reihenfolge mit Elektronen besetzt.
4) Im Periodensystem folgen die Elemente mit zunehmender Massenzahl direkt aufeinander.

Wählen Sie bitte die zutreffende Aussagenkombination.

A. Nur 2 ist richtig
B. Nur 1 und 4 sind richtig
C. Nur 2 und 3 sind richtig
D. Nur 3 und 4 sind richtig
E. Alle Aussagen sind richtig

1.58 1.2.3 Fragentyp C

Die Valenzelektronen sind in besonderem Maße für das
chemische Verhalten der Elemente verantwortlich,

weil

die Valenzelektronenzahl die maximale Oxidationsstufe
des Elements festlegt.

1.59 1.2.3 Fragentyp A

Welches der folgenden Elemente hat nicht die Elektronenkonfiguration s^2p^1 in seiner äußersten Schale?

A. Ga
B. Th
C. Ba
D. Al
E. B

1.60 1.2.3 Fragentyp B

Ordnen Sie bitte den Elementen in Liste 1 die entsprechende Elektronenkonfiguration aus Liste 2 zu

Liste 1

1) C
2) O

Liste 2

A. $1s^2 2s^2 2p^1$
B. $1s^2 2s^2 2p^2$
C. $1s^2 2s^2 2p^3$
D. $1s^2 2s^2 2p^4$
E. $1s^2 2s^2 2p^5$

1.61 1.2.4 Fragentyp D

Die Elektronegativität

1) nimmt innerhalb einer Periode von links nach rechts zu.
2) nimmt innerhalb einer Periode von links nach rechts ab.
3) nimmt innerhalb einer Gruppe von oben nach unten zu.
4) nimmt innerhalb einer Gruppe von oben nach unten ab.
5) hat in der Mitte einer Periode ein Maximum.

Wählen Sie bitte die zutreffende Aussagenkombination.

A. Nur 1 und 4 sind richtig
B. Nur 1 und 3 sind richtig
C. Nur 2 und 3 sind richtig
D. Nur 2 und 4 sind richtig
E. Nur 3 und 5 sind richtig

1.62　　　　　　　　1.2.4　　　　　　　　Fragentyp A

Welche Aussage trifft nicht zu?

Die Elektronegativität

A. nimmt innerhalb einer Periode im allgemeinen von links nach rechts zu
B. nimmt innerhalb einer Gruppe von oben nach unten ab
C. ist definiert als die Energie, die mit der Elektronenaufnahme verbunden ist
D. ist die Energie, die bei der Bildung eines Salzes aus isolierten Ionen frei wird
E. ist eine Eigenschaft der Elemente, die sich mit zunehmender Ordnungszahl ändert

| 1.63 | 1.2.4 | Fragentyp B |

Ordnen Sie bitte jedem der Begriffe in Liste 1 die richtige Definition aus Liste 2 zu:

Liste 1

1) Elektronegativität
2) Elektronenaffinität
3) Ionisierungsenergie

Liste 2

A. ist die Energie, die mit der Aufnahme eines Elektrons verbunden ist.
B. ist die Energie, die zur Abspaltung eines Elektrons nötig ist.
C. ist die Energie, die bei dem Zerfall einer Substanz in Ionen frei wird.
D. ist die Fähigkeit eines Atoms, Elektronen in einer Bindung an sich zu ziehen.
E. ist die Fähigkeit, in einer Lösung in Ionen zu zerfallen.

| 1.64 | 1.2.4 | Fragentyp D |

Welche Aussagen sind richtig?

1) Die Elektronegativität im PSE ist am größten in der I. Hauptgruppe.
2) Bei den Actiniden werden die 5 f-Niveaus aufgefüllt.
3) Der Metallcharakter nimmt in der IV. Hauptgruppe von oben nach unten zu.
4) Die Elemente der VIII. Hauptgruppe sind einatomige Gase
5) Die Elemente der VII. Hauptgruppe haben die niedrigsten Ionisierungspotentiale.

Wählen Sie bitte die zutreffende Aussagenkombination.

A. Nur 4 ist richtig
B. Nur 1 und 3 sind richtig
C. Nur 2 und 5 sind richtig
D. Nur 2, 3 und 4 sind richtig
E. Nur 1, 3, 4 und 5 sind richtig

1.65   1.2.4   Fragentyp A

Unter Elektronegativität versteht man

A. die Fähigkeit einer Substanz, in Ionen zu zerfallen
B. ein Maß für die gegenseitige Abstoßung gleichsinnig geladener Teilchen
C. ein Maß für das Bestreben von Atomen, in einer kovalenten Einfachbindung Elektronen an sich zu ziehen
D. die freiwerdende Energie bei der Aufnahme eines Elektrons durch ein Atom, Ion oder Molekül
E. die aufzuwendende Energie, um ein Elektron aus einem Atom abzuspalten

1.66   1.2.4   Fragentyp A

Welche Aussage trifft nicht zu?

In einer Gruppe des Periodensystems wird in der Regel von oben nach unten

A. die Elektronenaffinität abnehmen
B. der Atomradius abnehmen
C. die Ionisierungsenergie abnehmen
D. die Elektronegativität abnehmen
E. der Metallcharakter zunehmen

1.67   1.3.1   Fragentyp A

Welche Aussage über eine idealisierte Ionenbindung trifft nicht zu?

A. Es handelt sich um eine ungerichtete elektrostatische Bindung.
B. Sie bildet sich hauptsächlich zwischen Atomen stark unterschiedlicher Elektronegativität aus.
C. Sie wirkt in alle drei Raumrichtungen.
D. Sie kann zum Aufbau eines Raumgitters führen.
E. Sie kommt durch ein gemeinsames Elektronenpaar zustande.

1.68   1.3.1   Fragentyp A

Unter einem Kation versteht man

A. eine Verbindung mit NaCl-Struktur
B. ein positiv geladenes Teilchen
C. ein Molekül mit einem freien Elektronenpaar
D. Verbindungen mit nur einem einsamen Elektronenpaar
E. ein negativ geladenes Wasserstoffion.

1.69   1.3.1
        1.4.7   Fragentyp D

Welche der folgenden Substanzen werden hauptsächlich durch Ionenbindung zusammengehalten?

1) CaF_2
2) HCl-Gas
3) NaCl
4) $BaSO_4$
5) CH_3Cl

Wählen Sie bitte die zustreffende Aussagenkombination.

A. Nur 3 ist richtig
B. Nur 2 und 3 sind richtig
C. Nur 1 und 4 sind richtig
D. Nur 1, 3 und 4 sind richtig
E. Nur 2, 4 und 5 sind richtig

1.70   1.3.1
        1.4.7   Fragentyp D

Welche der folgenden Substanzen sind überwiegend ionisch gebaut?

1) C$_6$H$_5$—OCH$_3$

2) NH_3

3) TiO_2

4) C6H5—SO_2Cl

5) Cl_2

Wählen Sie bitte die zutreffende Aussagenkombination.

A. Nur 2 ist richtig
B. Nur 3 ist richtig
C. Nur 1 und 4 sind richtig
D. Nur 3 und 5 sind richtig
E. Nur 1, 2 und 5 sind richtig

1.71   1.3.1   1.12.1   Fragentyp B

Ordnen Sie bitte den Bezeichnungen in Liste 1 die entsprechenden Beispiele aus Liste 2 zu:

Liste 1

1) Kation
2) Säure

Liste 2

A. HCHO
B. NH_4^+
C. Cl^-
D. $(CH_3)_2NH$
E. NO

1.72   1.3.3   Fragentyp A

Welche Aussage über ionisch aufgebaute Verbindungen trifft nicht zu?

A. Ihre wäßrige Lösung leitet den elektrischen Strom.
B. Ihre Schmelze leitet den elektrischen Strom.
C. Sie haben einen relativ hohen Schmelzpunkt.
D. Sie werden durch elektrostatische Bindungskräfte zusammengehalten.
E. Die reinen Substanzen sind stets gefärbt.

1.73   1.3.3   Fragentyp A

Welche Aussage trifft <u>nicht</u> zu?
Die Löslichkeit eines Salzes in Wasser hängt ab von

A. der Konzentration bereits gelöster Substanz
B. der Temperatur
C. einem unlöslichen Bodenkörper
D. der Gitterenergie
E. der Hydrationsenthalpie

1.74   1.4.1   Fragentyp D

Welche der folgenden Substanzen sind vorwiegend kovalent (homöopolar) gebaut?

1) H_2O
2) NH_3
3) CaF_2
4) CH_3COCH_3
5) C_6H_5Cl

Wählen Sie bitte die zutreffende Aussagenkombination.

A. Nur 1 und 3 sind richtig
B. Nur 2 und 5 sind richtig
C. Nur 3 und 4 sind richtig
D. Nur 3, 4 und 5 sind richtig
E. Nur 1, 2, 4 und 5 sind richtig

1.75   1.4.1   Fragentyp D

Welche der folgenden Aussagen treffen zu?
Das Kohlenstoffatom in der Verbindung

1) CH_4 ist vierbindig
2) CO_2 ist zweibindig
3) H_2CO_3 ist vierbindig
4) $\cdot CH_3$ ist dreibindig
5) CH_3OH ist fünfbindig

Wählen Sie bitte die zutreffende Aussagenkombination.

A. Nur 1 und 2 sind richtig
B. Nur 4 und 5 sind richtig
C. Nur 1, 3 und 4 sind richtig
D. Nur 2, 3 und 5 sind richtig
E. Alle Aussagen sind richtig

1.76   1.4.1   Fragentyp D

Welche der folgenden Aussagen treffen zu?

1) Das N-Atom in NH_4^+ ist vierbindig.
2) Das O-Atom in H_3O^+ ist dreibindig.
3) Das P-Atom in H_3PO_4 ist vierbindig.
4) Das N-Atom in NO ist einbindig.
5) Das S-Atom in SO_2 ist zweibindig.

Wählen Sie bitte die zutreffende Aussagenkombination.

A. Nur 1 und 2 sind richtig
B. Nur 4 und 5 sind richtig
C. Nur 1, 3 und 5 sind richtig
D. Nur 2, 3 und 4 sind richtig
E. Alle Aussagen sind richtig

1.77   1.4.1   Fragentyp C

Kovalente Bindungen bilden sich im allgemeinen zwischen Elementen gleicher Elektronennegativität aus,

weil

in kovalenten Bindungen die Bindungselektronen zu (etwa) gleichen Anteilen von den Bindungspartnern zur Verfügung gestellt werden.

1.78	1.4.1	Fragentyp A

Unter der Bindigkeit eines Atoms in einem Molekül versteht man

A. die Energie einer kovalenten Einfachbindung zwischen einem Atom und einem Bindungspartner
B. die Anzahl der Bindungspartner eines Atoms
C. die Stärke der Bindung zwischen einem Atom und einem Bindungspartner
D. die Anzahl der möglichen oder eingegangenen σ-Bindungen
E. die Anzahl der Bindungen, die ein Atom in einem Molekül ausbildet

1.79	1.4.1 1.4.2	Fragentyp A

In nachfolgend angegebener Strukturformel symbolisiert ein Bindungsstrich zwischen zwei Atomen

$$\begin{matrix} & H & H & \\ & | & | & \\ H- & C- & C- & O-H \\ & | & | & \\ & H & H & \end{matrix}$$

A. ein Elektronenpaar
B. den Bindungsabstand
C. ein Bindungselektron
D. den Abstand der Atomkerne
E. die Ausdehnung der Elektronenwolke

1.80	1.4.2	Fragentyp D

Welche der folgenden Moleküle besitzen freie Elektronenpaare?

1) Ammoniak
2) Fluorwasserstoff
3) Benzol
4) Wasser
5) Methanol

Wählen Sie bitte die zutreffende Aussagenkombination.

A. Nur 3 ist richtig
B. Nur 1, 2 und 5 sind richtig
C. Nur 2, 3 und 4 sind richtig
D. Nur 3, 4 und 5 sind richtig
E. Nur 1, 2, 4 und 5 sind richtig

1.81 1.4.2 Fragentyp A

Welche Antwort trifft zu?
Die Summenformel eines Alkohols sei C_3H_8O. Auf Grund dieser Aussage kann man bezüglich des Moleküls weitere Feststellungen treffen über seine

A. Strukturformel
B. Konstitution
C. Konfiguration
D. Konformation
E. Es sind keine weiteren Feststellungen möglich.

1.82
1.4.2
1.4.4
1.14.3 Fragentyp A

Welche Aussage ist nicht richtig?

A. Bei vollständiger Hybridisierung ist die Orbitalenergie das arithmetische Mittel aus der Energie der Ausgangsorbitale.
B. Die Oktettregel gilt bei der 2. und 3. Periode des PSE.
C. Bei d^2sp^3- Hybridisierung ergibt sich eine oktaedrische Orientierung der Hybridorbitale.
D. O_2, NO und Cl· sind Radikale.
E. Die Molekularität einer Elementarreaktion ist gleich der Anzahl der Teilchen, von der die Reaktion ausgeht.

1.83   1.4.4   Fragentyp D

Welche der nachfolgend aufgeführten Moleküle besitzen einen gewinkelten Bau?

1) NH_3
2) NaCl
3) H_2O
4) HF
5) $BaCl_2$

Wählen Sie bitte die zutreffende Aussagenkombination.

A. Nur 1 und 3 sind richtig
B. Nur 3 und 4 sind richtig
C. Nur 1, 2 und 3 sind richtig
D. Nur 1, 3 und 4 sind richtig
E. Nur 2, 3 und 5 sind richtig

1.84   1.4.4   Fragentyp A

Welche Angabe über das vorstehende Indolderivat trifft nicht zu?

A. Die von C-8 ausgehenden Bindungen weisen in die Ecken eines Tetraeders.
B. Die C-Atome 5, 7 und 9 sind sp^2-hybridisiert.
C. Die C-Atome 8, 10 und 11 sind sp^3-hybridisiert.
D. Der Bindungswinkel an den C-Atomen 5 und 6 beträgt etwa 90°.
E. Das C-Atom 9 ist positiv polarisiert.

1.85   1.4.5   Fragentyp A

Der Abstand von Bindungspartnern bei Atombindungen beträgt ungefähr

A. $0,01 \text{ Å} = 10^{-3}$ nm
B. $0,1 \text{ Å} = 10^{-2}$ nm
C. $1 \text{ Å} = 0,1$ nm
D. $10 \text{ Å} = 1$ nm
E. $100 \text{ Å} = 10$ nm

1.86   1.5.1   Fragentyp D

Welche der nachfolgend aufgeführten Ionen und Moleküle können als Komplexliganden auftreten?

1) NH_3
2) H_2O
3) Cl^-
4) (Pyridin)
5) H_3O^+

Wählen Sie bitte die zutreffende Aussagenkombination.

A. Nur 1 und 2 sind richtig
B. Nur 1, 2 und 4 sind richtig
C. Nur 1, 2 und 5 sind richtig
D. Nur 1, 2, 3 und 4 sind richtig
E. 1-5 = alle sind richtig

1.87   1.5.1   Fragentyp D

Als Liganden für einen Nickelkomplex mit Ni^{2+} als Zentralteilchen sind denkbar:

1) NH_3
2) H_2O
3) CN^-
4) $NH_2-CH_2-CH_2-NH_2$
5) NH_4^+

Wählen Sie bitte die zutreffende Aussagenkombination.

A. Nur 1 und 2 sind richtig
B. Nur 3 und 5 sind richtig
C. Nur 1, 2 und 4 sind richtig
D. Nur 1, 2, 3 und 4 sind richtig
E. Alle Aussagen sind richtig

1.88　　　　　　　1.5.1　　　　　Fragentyp A

Welche Aussage über die Bindung von Komplexen trifft zu?

A. Die Elektronen stammen je zur Hälfte von den Bindungspartnern.
B. Das bindende Elektronenpaar stammt vom Zentralatom.
C. Das bindende Elektronenpaar stammt jeweils vom Liganden.
D. Die Bindungselektronen sind über den ganzen Komplex delokalisiert.
E. Die Komplexbindung ist nur mit p-Orbitalen möglich.

1.89　　　　　　　1.5.1　　　　　Fragentyp C

$C_2O_4^{2-}$ kann als Chelat-Ligand verwendet werden,

weil

$C_2O_4^{2-}$ nur eine Koordinationsstelle besetzt.

1.90　　　　　　　1.5.1　　　　　Fragentyp D

Welche der folgenden Verbindungen sind Chelatkomplexe?

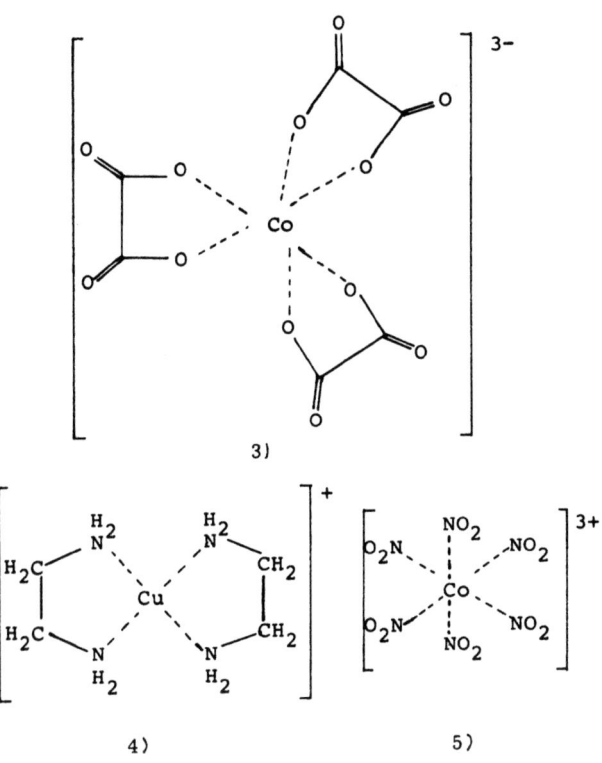

Wählen Sie bitte die zutreffende Aussagenkombination.

A. Nur 2 ist richtig
B. Nur 1 und 5 sind richtig
C. Nur 1, 2 und 4 sind richtig
D. Nur 1, 3 und 5 sind richtig
E. Nur 2, 3 und 4 sind richtig

| 1.91 | 1.5.1 | Fragentyp A |

Welche Aussage trifft zu?
Ein Chelatligand (Chelator)

A. ist meist ein Elektronenpaaracceptor
B. kann maximal vier Koordinationsstellen besetzen
C. muß mindestens zwei freie Elektronenpaare besitzen
D. muß wenigstens zweifach negativ geladen sein
E. bildet nur mit einem neutralen Zentralteilchen Komplexe

| 1.92 | 1.5.1 | Fragentyp A |

Welche Aussage trifft zu?
Unter der Koordinationszahl einer Komplexverbindung versteht man

A. die Ladung des Komplexes
B. die Zahl der Liganden
C. die Zahl der Atome der Liganden
D. die Zahl der Koordinationsstellen, die ein Chelator besetzt
E. die Zahl der Zentralteilchen

| 1.93 | 1.5.1 | Fragentyp D |

Welche der aufgeführten Liganden können als Chelatliganden Verwendung finden?

1) $RCOO^-$
2) CN^-
3) CO
4) $^-OOC-COO^-$
5) H_2O

Wählen Sie bitte die zutreffende Aussagenkombination.

A. Nur 1 ist richtig
B. Nur 4 ist richtig
C. Nur 1 und 2 sind richtig
D. Nur 2, 3 und 4 sind richtig
E. Alle Aussagen sind richtig

1.94 1.5.1
1.5.2 Fragentyp D

Welche der Verbindungen 1-5 enthalten ein Zentralteilchen im Sinne der Komplexchemie?

1) PF_5
2) $[Fe(H_2O)_6]Cl_3$
3) PCl_5
4) $SbCl_5$
5) $P(C_6H_5)_5$

Wählen Sie bitte die zutreffende Aussagenkombination.

A. Nur 5 ist richtig
B. Nur 2 ist richtig
C. Nur 1 und 3 sind richtig
D. Nur 4 und 5 sind richtig
E. Nur 1, 3 und 4 sind richtig

1.95 1.5.2
2.10.5 Fragentyp A

Welche Aussage über die Benennung von Komplexverbindungen trifft nicht zu?

A. In einem ionisch gebauten Komplex wird das Kation zuerst genannt.
B. Die Zahl der Liganden wird durch griechische Zahlwörter angegeben.
C. Die Namen neutraler Liganden bleiben meist unverändert.
D. Die Namen anionischer Liganden leiten sich vom Namen des betreffenden Atoms oder der Gruppe ab.
E. Bei der Benennung eines Komplexes folgen die Namen der Liganden dem Namen des Zentralteilchens.

1.96 1.5.2 / 2.10.5 Fragentyp A

Welche der folgenden Zuordnungen ist **nicht** richtig?

A. $[Ag(NH_3)_2]^{\oplus}$ — Diamminsilber(I)-Kation
B. $[Ag(S_2O_3)_2]^{3\ominus}$ — Bis(thiosulfato)argentat(I)
C. $[Cr(NH_3)_6]Cl_3$ — Hexamminchrom(III)-chlorid
D. $[Co(H_2O)_4Cl_2]Cl$ — Dichlorotetraquocobalt(III)-chlorid
E. $K_3[Fe(CN)_6]$ — Kaliumhexacyanoferrat(II)

1.97 1.6.1 Fragentyp C

Metalle besitzen im festen Zustand ein großes elektrisches Leitvermögen,

weil

die Valenzelektronen in Metallgittern quasi frei beweglich sind.

1.98 1.6.1 / 1.6.2 Fragentyp A

Welche Aussage trifft **nicht** zu?
Die Metallbindung

A. kann mit verschiedenen Bindungsmodellen beschrieben werden
B. ist eine charakteristische Eigenschaft aller Metalle
C. wird mit zunehmender Temperatur schwächer
D. wirkt innerhalb des Metallgitters in alle Raumrichtungen
E. wird durch gemeinsame Elektronenpaare zwischen den Atomrümpfen des Gitters bewirkt

| 1.99 | 1.6.1
1.6.2 | Fragentyp A |
|---|---|---|

Welche der folgenden Aussagen über Metalle trifft nicht zu?

A. Die elektrische Leitfähigkeit nimmt mit steigender Temperatur zu.
B. Die Valenz-Elektronen sind im Kristallgitter weitgehend frei beweglich.
C. Metalle besitzen ein niedriges Ionisierungspotential.
D. Metalle haben eine kleine Elektronegativität.
E. Metallgitter sind möglichst dichte Packungen aus Atomrümpfen.

1.100	1.7.1	Fragentyp A

Welche Aussage trifft zu?
Wasserstoffbrückenbindung nennt man die Bindung

A. im Wasserstoffmolekül
B. zwischen den Wasserstoffatomen und dem Sauerstoffatom im Wassermolekül
C. im H_3O^+-Ion
D. z.B. zwischen Wassermolekülen
E. zwischen Sauerstoff- und Wasserstoffatom in einem Alkoholmolekül

1.101	1.7.1	Fragentyp A

Welche physikalische Eigenschaft von Verbindungen wird durch Wasserstoffbrückenbindungen nicht beeinflußt?

A. Siedepunkt
B. Löslichkeit
C. optische Aktivität
D. Viskosität
E. Verdampfungswärme

1.102 1.7.1
       1.7.2 Fragentyp A

Welche Aussage über ein Dipolmolekül trifft zu?

A. Es besteht immer aus Atomen derselben Periode.
B. Es muß linear gebaut sein.
C. Es hat eine asymmetrische Ladungsverteilung (polare Atombindungen).
D. Es zerfällt in wäßriger Lösung in Ionen.
E. Es hat eine große Dielektrizitätskonstante.

1.103 1.7.1 Fragentyp D

Welche der folgenden Aussagen treffen zu?

1) Fluorwasserstoff bildet bei Normaltemperatur intermolekulare Wasserstoffbrückenbindungen aus.
2) Wasserstoffbrückenbindungen bedingen eine Erniedrigung des Siedepunktes der betreffenden Substanz.
3) Außer intermolelularen Wasserstoffbrückenbindungen gibt es auch intramolekulare Wasserstoffbrückenbindungen.
4) Ein Wassermolekül kann bis zu vier Wasserstoffbrückenbindungen ausbilden.
5) Wasserstoffbrückenbindungen bedingen die Viskosität und relativ hohe Verdampfungswärme der betreffenden Substanzen.

Wählen Sie bitte die zutreffende Aussagenkombination.

A. Nur 1 und 4 sind richtig
B. Nur 2 und 5 sind richtig
C. Nur 2, 3 und 5 sind richtig
D. Nur 1, 3, 4 und 5 sind richtig
E. Alle Aussagen sind richtig

1.104   1.8.2   Fragentyp D

Welche der folgenden Systeme sind bei Zimmertemperatur heterogen?

1) Ein Gemisch aus N_2 und NH_3
2) Blut
3) Milch
4) schmelzendes Eis
5) Nebel

Wählen Sie bitte die zutreffende Aussagenkombination.

A. Nur 3 und 4 sind richtig
B. Nur 1, 2 und 5 sind richtig
C. Nur 1, 3 und 4 sind richtig
D. Nur 1, 2, 3 und 4 sind richtig
E. Nur 2, 3, 4 und 5 sind richtig

1.105   1.8.2   Fragentyp D

Wodurch läßt sich das Ausmaß der Adsorption an feste Oberflächen beeinflussen?
Durch die

1) Art der adsorbierten Substanz
2) Konzentration der adsorbierten Substanz
3) Art des Adsorbens
4) Oberfläche des Adsorbens
5) Temperatur

Wählen Sie bitte die zutreffende Aussagenkombination.

A. Nur 2 und 5 sind richtig
B. Nur 3 und 4 sind richtig
C. Nur 1, 2 und 3 sind richtig
D. Nur 1, 4 und 5 sind richtig
E. Alle Aussagen sind richtig

1.106   1.8.2 / 1.9.2   Fragentyp A

Als Sublimation bezeichnet man

A. das Verdampfen eines Stoffes
B. den direkten Übergang eines Stoffes vom festen in den gasförmigen Aggregatzustand
C. die Abscheidung von Festsubstanz aus einer Flüssigkeit
D. die Verflüssigung von Gasen bei tiefen Temperaturen
E. das Aufdampfen von dünnen Metallschichten auf Gegenstände im Hochvakuum

1.107   1.8.3 / 1.8.4   Fragentyp D

Welche Aussagen treffen zu?
Bei kristallisierten Stoffen

1) bestimmt das Raumgitter die äußere Gestalt.
2) bestimmt das Raumgitter die physikalischen Eigenschaften.
3) bricht beim Schmelzen das Raumgitter zusammen.
4) ist das Raumgitter nur aus Ionen aufgebaut.

Wählen Sie bitte die zutreffende Aussagenkombination.

A. Nur 1 ist richtig
B. Nur 4 ist richtig
C. Nur 2 und 4 sind richtig
D. Nur 1, 2 und 3 sind richtig
E. Alle Aussagen sind richtig

1.108   1.8.4   Fragentyp D

Welche Aussagen treffen zu?

1) Schmelzenthalpie heißt die Enthalpie, die man zum Schmelzen eines Feststoffes braucht.
2) Die Schmelzenthalpie ist eine spezifische Stoffkonstante.
3) Erstarrungsenthalpie heißt diejenige Enthalpie, die während der Erstarrung einer Flüssigkeit frei wird.

4) Der Absolutbetrag der Erstarrungsenthalpie entspricht der Schmelzenthalpie.
5) Die Höhe der Schmelz- und Erstarrungsenthalpie hängt von den Bindungskräften zwischen den einzelnen Gitterbausteinen ab.

Wählen Sie bitte die zutreffende Aussagenkombination.

A. Nur 1 und 3 sind richtig
B. Nur 2 und 4 sind richtig
C. Nur 1, 2 und 3 sind richtig
D. Nur 1, 3, 4 und 5 sind richtig
E. Alle Aussagen sind richtig

1.109　　　1.8.4
　　　　　　1.9.2　　　Fragentyp A

Welche Antwort trifft nicht zu?
Die Reinheit von Substanzen kann kontrolliert werden durch

A. den Schmelzpunkt
B. den Siedepunkt
C. den Brechungsindex
D. das IR-Spektrum
E. den kolloid-osmotischen Druck

1.110　　　1.8.4
　　　　　　1.8.5　　　Fragentyp B

Ordnen Sie bitte jedem Trennverfahren (Liste 1) die entsprechende physikalisch-chemische Grundlage aus Liste 2 zu:

Liste 1　　　　　　　Liste 2

1) Kristallisation　　Unterschiede
2) Extraktion　　　　A. im Siedepunkt
3) Dünnschicht-　　　B. im Dampfdruck
　　chromatographie　C. in der Löslichkeit
　　　　　　　　　　　D. im Verteilungskoeffizienten
　　　　　　　　　　　E. in der Adsorptionsfähigkeit

1.111   1.8.4
              1.8.5   Fragentyp B

Ordnen Sie bitte jedem Trennverfahren (Liste 1) die entsprechende physikalisch-chemische Grundlage aus Liste 2 zu:

Liste 1   Liste 2

1) Destillation   Unterschiede
2) Sublimation   A. im Aggregatzustand
3) Gefriertrocknung   B. im Dampfdruck
                           C. in der Löslichkeit
                           D. im Verteilungskoeffizienten
                           E. in der Adsorptionsfähigkeit

              1.8.4
              1.8.5
1.112   1.9.4   Fragentyp A

Welche Antwort trifft nicht zu?
Eine geeignete physikalische Methode zur Trennung von Substanzgemischen ist die

A. Destillation
B. Chromatographie
C. Sublimation
D. Dialyse
E. UV-Spektroskopie

1.113   1.8.5   Fragentyp D

Welche Aussagen über Flüssigkeiten treffen zu?

1) Die Anziehungskräfte zwischen den einzelnen Teilchen heißen Kohäsionskräfte.
2) Flüssigkeiten sind viskos.
3) Sie besitzen eine Phasengrenzfläche.
4) Die Oberflächenspannung ist definiert als das Produkt von Energiezuwachs und Flächenzuwachs.
5) Die Energieverteilung der Teilchen ist temperaturabhängig.

Wählen Sie bitte die zutreffende Aussagenkombination.

A. Nur 2 und 3 sind richtig
B. Nur 1, 2 und 4 sind richtig
C. Nur 2, 3 und 5 sind richtig
D. Nur 1, 2, 3 und 5 sind richtig
E. Alle Aussagen sind richtig

1.114   1.8.5   Fragentyp E

Welche der Kurven entspricht der Dampfdruckkurve einer
Substanz bei Änderung der Temperatur?

A.
B.
C.
D.
E.

	1.8.5	
1.115	1.8.7	Fragentyp D

Welche der folgenden Aussagen treffen zu?

1) Die Geschwindigkeit von Teilchen in Gasen und Flüssigkeiten ist temperaturabhängig.
2) Die Geschwindigkeit von Teilchen in Gasen und Flüssigkeiten ist unabhängig vom Druck.
3) Atome und Moleküle bewegen sich bei gleicher Temperatur und gleicher Masse unterschiedlich schnell.
4) Für die Geschwindigkeitsverteilung von Teilchen in einem Gas gilt das Maxwell-Boltzmannsche Verteilungsgesetz.
5) Die Teilchen sind auf alle Raumrichtungen statistisch gleichmäßig verteilt.

Wählen Sie bitte die zutreffende Aussagenkombination.

A. Nur 1 ist richtig
B. Nur 1 und 4 sind richtig
C. Nur 2, 3 und 4 sind richtig
D. Nur 1, 2, 3 und 5 sind richtig
E. Alle Aussagen sind richtig

	1.8.5	
1.116	1.9.2	Fragentyp A

Welche Aussage trifft nicht zu?
Eine Lösung hat (bei gleicher Temperatur) gegenüber dem reinen Lösungsmittel

A. einen höheren Dampfdruck
B. einen höheren osmotischen Druck
C. einen höheren Siedepunkt
D. einen tieferen Gefrierpunkt
E. eine Dampfdruckerniedrigung proportional zu der Zahl der gelösten Teilchen

1.117 1.8.6 Fragentyp A

Welches Volumen nehmen 2 Mol eines idealen Gases bei 300 K und 1 bar Druck ein?
(Gasgleichung $p \cdot v = 0,08 \cdot bar \cdot K^{-1} \cdot mol^{-1} \cdot n \cdot T$)

A. 12 Liter
B. 24 Liter
C. 48 Liter
D. 22 Liter
E. Keiner der Wert ist richtig.

1.118 1.8.6 Fragentyp D

Die Teilchen eines idealen Gases unterscheiden sich von den Teilchen eines realen Gases dadurch, daß sie

1) keine Wechselwirkung untereinander besitzen
2) kein Eigenvolumen besitzen
3) ein definiertes Volumen besitzen
4) als Massenpunkte definiert sind

Wählen Sie bitte die zutreffende Aussagenkombination.

A. Nur 1 ist richtig
B. Nur 4 ist richtig
C. Nur 1 und 3 sind richtig
D. Nur 3 und 4 sind richtig
E. Nur 1, 2 und 4 sind richtig

1.119 1.9.1 Fragentyp A

Welche Aussage trifft zu?
Die Anlagerung von Lösungsmittelmolekülen an ein Ion nennt man

A. Neutralisation
B. Hydration
C. Hydrierung
D. Solvation
E. Hydrolyse

1.120 1.9.1 Fragentyp A

Eine Substanz hat für ein Wasser-Ether-Gemisch den Verteilungskoeffizienten k = 1. Wieviel Prozent dieser Substanz werden beim Ausschütteln von 50 ml Lösung mit 50 ml Ether aus der Lösung entfernt?

A. 100%
B. 75%
C. 50%
D. 25%
E. 10%

1.121 1.9.1 Fragentyp A

Welche Aussage trifft nicht zu?
Das Ausmaß der Solvation eines Ions hängt ab von

A. dem Siedepunkt des Lösungsmittels

B. der Polarität des Lösungsmittels

C. der Temperatur

D. der Größe des Ions

E. der Ladung des Ions

1.122 1.9.1 Fragentyp D

Welche Aussagen treffen zu?
Die Konzentration eines gelösten Gases in einer Flüssigkeit

1) nimmt zu mit steigender Temperatur

2) nimmt zu mit fallender Temperatur

3) nimmt zu mit der Menge der Flüssigkeit

4) hängt ab vom Partialdruck des Gases im Gasraum über der Lösung

5) ist unabhängig vom Partialdruck des Gases im Gasraum über der Lösung

Wählen Sie bitte die zutreffende Aussagenkombination.

A. Nur 3 ist richtig

B. Nur 1 und 4 sind richtig

C. Nur 2 und 4 sind richtig

D. Nur 3 und 5 sind richtig

E. Nur 1, 3 und 5 sind richtig

1.123   1.9.1   Fragentyp A

Iod verteile sich mit einem Verteilungskoeffizienten von 1 in einer Mischung von 100 ml Wasser und 10 ml Chloroform. Welcher Anteil Iod liegt dann etwa in der organischen Phase vor?

A. 1%
B. 10%
C. 20%
D. 50%
E. 90%

1.124   1.9.3   Fragentyp A

Welche Zuordnung trifft zu?

A. Molarität   - Anzahl mol in einem Liter Lösung
B. Normalität   - Anzahl Grammäquivalente (val) in einem Liter Lösungsmittel
C. Volumenprozent - Anzahl ml gelöster Stoff in 1000 ml Lösung
D. Gewichtsprozent - Anzahl g gelöster Stoff in 1000 g Lösung
E. Molalität   - Anzahl mol in einem Liter Lösungsmittel

1.125   1.9.3   Fragentyp A

Welche Zuordnung trifft nicht zu?

A. Normalität   - Anzahl Grammäquivalente in 1 l Lösung
B. Molarität   - Anzahl mol in 1 l Lösung
C. Gewichtsprozent - Anzahl g gelöster Stoff in 100 g Lösung
D. Volumenprozent - Anzahl ml gelöster Stoff in 1 l Lösung
E. Molalität   - Anzahl mol in 1000 g Lösungsmittel

1.126   1.9.3   Fragentyp A

Welche Antwort trifft <u>nicht</u> zu?
Eine 0,1 molare Schwefelsäurelösung

A. ist 0,1 normal
B. enthält 0,2 val/Liter
C. enthält etwa 1% H_2SO_4
D. enthält etwa 10 g H_2SO_4/Liter
E. kann mit 1 N NaOH neutralisiert werden
(Atommassen: H = 1, O = 16, S = 32)

1.127   1.9.3   Fragentyp A

Wieviel g CH_3COONa braucht man zur Herstellung von 1 Liter 0,3 N CH_3COONa-Lösung?

A. 12,3 g   D. 32,8 g
B. 20,3 g   E. 49,2 g
C. 24,6 g

(Atommassen: O = 16, Na = 23, H = 1, C = 12)

1.128   1.9.3   Fragentyp A

Wieviel ml einer 10%-igen NaCl-Lösung (Dichte 1 $g \cdot cm^{-3}$) muß man zur Herstellung einer 0,1 molaren NaCl-Lösung auf 1 Liter Lösung verdünnen?
(Molmasse von NaCl: 58 g)

A. 15 ml   D. 72 ml
B. 29 ml   E. 115 ml
C. 58 ml

1.129   1.9.3   Fragentyp B

Ordnen Sie bitte jedem der in Liste 1 genannten Konzentrationsmaße die richtige Definition aus Liste 2 zu:

Liste 1

1) Gewichtsprozent
2) Volumenprozent

Liste 2

A. Anzahl Milliliter gelöster Stoff in 1 Liter Lösung
B. Anzahl Milliliter gelöster Stoff in 1 Liter Lösungsmittel
C. Anzahl Milliliter gelöster Stoff in 100 ml Lösung
D. Anzahl Gramm gelöster Stoff in 100 g Lösung
E. Anzahl Gramm gelöster Stoff in 100 g Lösungsmittel

1.130 1.9.3 Fragentyp A

Welche Aussage trifft zu?
3,65 g HCl in 100 ml wäßriger Lösung sind

A. 0,1 molar
B. 0,1 normal
C. 1 molal
D. 1 molar
E. Keine der Angaben ist richtig

1.131 1.9.4 Fragentyp A

Welche Aussage trifft zu?
Der osmotische Druck kommt dadurch zustande, daß die gelöste Substanz

A. sich in möglichst viel Lösungsmittel zu verteilen sucht
B. in der Lösung einen Überdruck erzeugt
C. mit dem Lösungsmittel eine Anlagerungsverbindung bildet
D. vollständig dissoziiert ist
E. sich exotherm gelöst hat und die Lösung dadurch eine höhere Temperatur als die Umgebung hat

1.132   1.9.4   Fragentyp C

Der osmotische Druck einer einmolaren Lösung eines Elektrolyten ist kleiner als der einer einmolaren Lösung eines Nichtelektrolyten,

weil

ein gelöster Elektrolyt eine größere Teilchenzahl in der Lösung ergibt als ein Nichtelektrolyt.

1.133   1.9.4   Fragentyp A

Ursache für das Auftreten des Donnanschen osmotischen Drucks ist

A. das Lösungsmittel
B. das Elektroneutralitätsprinzip
C. die semipermeable Wand der Zelle
D. die Salzlösung außerhalb der Membran
E. die Diffusionsgeschwindigkeit der gelösten Substanz

1.134   1.9.4   Fragentyp A

Welche Aussage trifft zu?
Der Austausch von Ionen zwischen einem Ionenaustauscher und den Ionen in einer Lösung beruht auf

A. der unterschiedlichen Größe der Ionenladungen
B. Dialyseeffekten
C. Verteilungsgleichgewichten der auszutauschenden Ionen
D. Solvationseffekten
E. rein thermisch induzierten Diffusionseffekten

1.135   1.9.5   Fragentyp A

Welche der folgenden Substanzen ist ein starker Elektrolyt?

A. CH_3CH_2COOH
B. HNO_3
C. NH_3
D. H_2O
E. CH_3OCH_3

1.136   1.9.5   Fragentyp A

Welche der folgenden Substanzen ist ein schwacher Elektrolyt?

A. KOH
B. H_2SO_4
C. CH_3COOH
D. HCl
E. NaCl

1.137   1.9.5   Fragentyp C

Schwache Elektrolyte sind bei hinreichender Verdünnung praktisch vollständig dissoziiert,

weil

der Dissoziationsgrad schwacher Elektrolyte mit abnehmender Konzentration zunimmt.

1.138   1.9.5   Fragentyp C

$BaSO_4$ ist wie alle schwerlöslichen Salze ein schwacher Elektrolyt,

weil

$BaSO_4$ im Gegensatz zu den Alkalihalogeniden in Wasser nur wenig löslich ist.

1.139 1.9.5 Fragentyp A

Welche Aussage trifft nicht zu?

A. Kohlensäure ist ein zweistufig dissoziierender Elektrolyt.
B. Propionsäure ist ein starker, einstufig dissoziierender Elektrolyt.
C. Magnesiumbromid ist ein starker Elektrolyt.
D. 1 N Schwefelsäure ist ein starker Elektrolyt.
E. iso-Buttersäure ist ein schwacher Elektrolyt.

1.140 1.9.5 Fragentyp D

Welche der Verbindungen 1-5 können als mehrstufig dissoziierende Elektrolyte auftreten?

1) H_3PO_4 4) H_2CO_3
2) H_2S 5) $BaCl_2$
3) K_2SO_4

Wählen Sie bitte die zutreffende Aussagenkombination.

A. Nur 4 ist richtig
B. Nur 2 und 4 sind richtig
C. Nur 1, 2 und 3 sind richtig
D. Nur 1, 2 und 4 sind richtig
E. Alle Aussagen sind richtig

1.141 1.9.5 Fragentyp A

Unter elektrolytischer Dissoziation versteht man

A. die Beweglichkeit von Atomen auf ihren Gitterplätzen
B. die Abscheidung von Elektrolytsubstanzen durch Anlegen einer Gleichspannung
C. die Bildung von Ionen durch Anlegen einer Spannung
D. den Zerfall von heteropolaren Verbindungen in Ionen
E. die Anlagerung von Wassermolekülen an Ionen

1.142 1.9.6 Fragentyp A

Welche Aussage trifft nicht zu?

A. ein Aerosol enthält eine kolloiddisperse Verteilung eines Feststoffes in einem Gas.
B. ein Aerosol enthält eine kolloiddisperse Verteilung einer Flüssigkeit in einem Gas.
C. ein Aerosol enthält eine Flüssigkeit dispergiert in einer damit nicht mischbaren Flüssigkeit.
D. Nebel ist ein Beispiel für ein Aerosol.
E. Staub ist ein Beispiel für ein Aerosol.

1.143 1.9.6 Fragentyp B

Ordnen Sie bitte jedem der heterogenen Gemische in Liste 1 das beste Beispiel aus Liste 2 zu:

Liste 1

1) Emulsion
2) Aerosol

Liste 2

A. Milch
B. Rauch
C. Wein
D. Granit
E. schmelzendes Eis

1.144 1.9.6 Fragentyp A

Unter einer Emulsion versteht man

A. ein Zwei-Phasensystem aus flüssiger und fester Phase.
B. ein Zwei-Phasensystem aus flüssiger und gasförmiger Phase.
C. ein Ein-Phasensystem aus mehr als zwei Komponenten.
D. ein Zwei-Phasensystem aus flüssiger und flüssiger Phase.
E. ein Ein-Phasensystem aus höchstens zwei Komponenten.

1.145   1.9.6   Fragentyp A

Welcher der genannten Stoffe ist als Reinsubstanz zu bezeichnen?

A. Wasser
B. Milch
C. Nebel
D. Staub
E. Blut

1.146   1.9.6   Fragentyp A

Bei welchem der folgenden Beispiele handelt es sich um ein Substanzgemisch?

A. Luft
B. Wasser
C. Essigester
D. Ammoniakgas
E. Benzol

1.147   1.9.6 / 1.9.7   Fragentyp D

Welche Aussagen über kolloiddisperse Systeme treffen zu?

1) Kolloiddisperse Teilchen sind von der Größenordnung 1 nm - 1 µm.
2) Dispersionsmittel und dispergierter Stoff können in beliebigem Aggregatzustand vorliegen.
3) Kolloiddisperse Systeme zeigen den Faraday-Tyndall-Effekt.
4) Bei einer Emulsion ist das Dispersionsmittel und der dispergierte Stoff flüssig.
5) Bei einem Aerosol ist das Dispersionsmittel ein Gas, der dispergierte Stoff flüssig oder fest.

Wählen Sie bitte die zutreffende Aussagenkombination.

A. Nur 1 und 3 sind richtig
B. Nur 2 und 3 sind richtig

C. Nur 4 und 5 sind richtig

D. Nur 1, 3 und 4 sind richtig

E. Alle Aussagen sind richtig

1.148　　　　　　　1.10.1　　　　　　　Fragentyp A

Welche Aussage trifft nicht zu?
Für reversibel und isotherm geführte Reaktionen in einem geschlossenen System gilt:

A. Die Entropie S ist eine Zustandsfunktion.
B. ΔS ist gleich der mit der Umgebung ausgetauschten Wärmemenge dividiert durch die Reaktionstemperatur (in K).
C. ΔS ist gleich dem Produkt aus der mit der Umgebung ausgetauschten Arbeit und der Reaktionstemperatur (in K).
D. ΔG ist gleich der Differenz zwischen ΔH und $T \cdot \Delta S$.
E. ΔH ist gleich der Summe aus ΔG und $T \cdot \Delta S$.

1.149　　　　　　　1.10.1　　　　　　　Fragentyp D

Welche Aussagen über offene Systeme treffen zu?

1) Sie tauschen mit der Umgebung Energie aus.
2) Sie tauschen mit der Umgebung Materie aus.
3) Der 1. und 2. Hauptsatz der Thermodynamik gelten nicht für offene Systeme.
4) In einem offenen System kann sich ein stationärer Zustand (Fließgleichgewicht) ausbilden.

Wählen Sie bitte die zutreffende Aussagenkombination.

A. Nur 1 ist richtig

B. Nur 3 ist richtig

C. Nur 1, 2 und 3 sind richtig

D. Nur 1, 2 und 4 sind richtig

E. Alle Aussagen sind richtig

1.150 1.10.1 Fragentyp A

Welche Aussage über abgeschlossene (isolierte) Systeme trifft zu?

A. Sie tauschen nur Materie mit der Umgebung aus.
B. Sie tauschen nur Energie mit der Umgebung aus.
C. Sie sind durchlässig für Materie, aber undurchlässig für Energie.
D. Sie sind durchlässig für Arbeit, aber undurchlässig für Wärme.
E. Sie sind undurchlässig für Materie und Energie.

1.151 1.10.1 Fragentyp A

Welche Aussage trifft zu?
Bei einem isobaren Prozeß ist

A. ΔH stets größer Null
B. ΔU stets kleiner Null
C. $\Delta H = \Delta U$
D. $\Delta H = \Delta U + p\Delta V$
E. ΔH stets kleiner als ΔU

1.152 1.10.2 Fragentyp B

Ordnen Sie bitte jedem der in Liste 1 aufgeführten thermodynamischen Symbole die zustreffende Aussage aus Liste 2 zu:

Liste 1	Liste 2
1) ΔU	A. Änderung der freien Enthalpie
2) ΔH	B. Änderung der Gesamtenergie
	C. Änderung der Inneren Energie
	D. Änderung der Entropie
	E. Änderung der Enthalpie

1.153   1.10.2   Fragentyp A

Welche Aussage trifft zu?
Auf Grund des 1. Hauptsatzes der Thermodynamik gilt für isolierte Systeme

A. $\Delta U = \Delta Q$
B. $\Delta U = \Delta W$
C. $\Delta U = 0$
D. $U = 0$
E. $\Delta W + \Delta Q = \Delta U$

1.154   1.10.2   Fragentyp A

Welche Aussage trifft zu?
Für geschlossene Systeme folgt aus dem 1. Hauptsatz der Thermodynamik

A. U = konst.
B. $\Delta U = 0$
C. $\Delta U = \Delta Q + \Delta W$
D. $\Delta U = \Delta Q - \Delta W$
E. $\Delta Q = - \Delta W$

1.155   1.10.3   Fragentyp A

Die Reaktion von Kohlenstoff mit Sauerstoff zu CO_2 kann direkt oder über CO als Zwischenstufe verlaufen.

1) Reaktionsweg: $C + O_2 \longrightarrow CO_2$; $\Delta H^o = -393$ kJ
2) Reaktionsweg
   1. Schritt: $C + \frac{1}{2}O_2 \longrightarrow CO$; $\Delta H_{C \rightarrow CO} = ?$
   2. Schritt: $CO + \frac{1}{2}O_2 \longrightarrow CO_2$; $\Delta H^o = -283$ kJ

Mit Hilfe des Hesschen Satzes errechnet sich die unbekannte Reaktionswärme $\Delta H^o_{C \rightarrow CO}$ zu

A. -220 kJ
B. -110 kJ
C. - 55 kJ
D. + 55 kJ
E. + 110 kJ

1.156   1.10.4   Fragentyp B

Ordnen Sie bitte jedem der in Liste 1 angegebenen thermodynamischen Symbole die zutreffende Aussage aus Liste 2 zu:

Liste 1

1) ΔG
2) ΔS

Liste 2

A. Änderung der Entropie eines Systems
B. Maß für die Triebkraft einer Reaktion
C. Energieänderung bei der Aufnahme von Elektronen
D. Änderung der Reaktionsenthalpie eines Systems
E. Änderung der Inneren Energie eines Systems

1.157   1.10.5 / 1.10.7   Fragentyp D

Für isolierte (abgeschlossene) Systeme gilt nach dem 2. Hauptsatz der Thermodynamik

1) Bei spontanem Ablauf von Reaktionen nimmt die Entropie des Systems zu ($\Delta S > 0$).
2) Bei reversiblem Ablauf von Reaktionen bleibt die Entropie konstant ($\Delta S = 0$).
3) Befindet sich ein System im Gleichgewicht, so hat die Entropie ein Maximum.
4) Befindet sich ein System im Gleichgewicht, so hat die Entropie ein Minimum.
5) Bei irreversiblem Ablauf von Reaktionen nimmt die Entropie des Systems ab.

Wählen Sie bitte die zutreffende Aussagenkombination.

A. Nur 4 ist richtig
B. Nur 5 ist richtig
C. Nur 2 und 5 sind richtig
D. Nur 1, 2 und 3 sind richtig
E. Nur 2, 4 und 5 sind richtig

| 1.158 | 1.10.6
1.10.7 | Fragentyp A |
|---|---|---|

Welche Aussage trifft nicht zu?

A. Beim Lösen von Kochsalz in Wasser nimmt die Entropie zu.

B. Beim Gefrieren von Wasser (Bildung von Eis) nimmt die Entropie ab.

C. Beim Übergang vom flüssigen Zustand in den dampfförmigen Zustand nimmt die Entropie zu.

D. Die Entropieänderung ist mitbestimmend für die Triebkraft einer chemischen Reaktion.

E. Bei einem reversiblen Prozeß in einem isolierten System ist die Änderung der Entropie größer oder kleiner Null.

1.159	1.10.7	Fragentyp A

Für eine chemische Reaktion wurden die Werte
ΔH = -88kJ und ΔG = +86 kJ berechnet. Welche Aussage über diese Reaktion trifft zu?

A. Sie ist exotherm.

B. Sie ist exergonisch.

C. Sie läuft spontan ab.

D. Die Aktivierungsenthalpie beträgt 2 kJ.

E. Keine der genannten Aussagen trifft zu.

1.160   1.10.7   Fragentyp A

Welche Aussage für Reaktionen in einem geschlossenen System trifft nicht zu?

A. Sie können mit Hilfe der Gibbs-Helmholtzschen Gleichung beschrieben werden.
B. Bei $\Delta G < 0$ verläuft die Reaktion exergonisch.
C. Ist $\Delta G = 0$, so befindet sich die Reaktion im Gleichgewicht.
D. Maßgebend für eine exergonische Reaktion ist ausschließlich der Wert von ΔS.
E. Exergonische Reaktionen können auch endotherm verlaufen.

1.161   1.10.7   Fragentyp A

Welche Aussage trifft zu?
Eine endergonische Reaktion

A. kann nie exotherm sein
B. kann nie endotherm sein
C. kann sowohl exotherm als auch endotherm sein
D. läuft stets freiwillig ab
E. hat einen negativen Wert für ΔG

1.162   1.10.7   Fragentyp A

Welche Aussage trifft zu?
Für isobar und isotherm geführte Reaktionen in geschlossenen Systemen hat die Gibbs-Helmholtzsche Gleichung die Form:

A. $\Delta G = \Delta H + T \cdot \Delta S$
B. $\Delta G = T \cdot \Delta H - \Delta S$
C. $\Delta G = \Delta H - T \cdot \Delta S$
D. $\Delta G = T \cdot \Delta H + \Delta S$
E. $\Delta G = \Delta S \cdot \Delta H - T$

1.163   1.10.8   Fragentyp A

Welche Aussage über Reaktionen in einem geschlossenen System trifft nicht zu?

A. Ist $\Delta G < 0$, läuft die Reaktion freiwillig (spontan) ab.
B. Ist $\Delta G = 0$, befindet sich die Reaktion im Gleichgewicht.
C. Ist $\Delta G > 0$, läuft die Reaktion nicht freiwillig ab.
D. Freiwillig ablaufende Reaktionen heißen exergonisch
E. Nicht spontan ablaufende Reaktionen heißen endotherm.

1.164   1.10.9   Fragentyp A

Die Änderung der Freien Enthalpie bei der Reaktion
$$Cu^{2+} + Zn \rightleftharpoons Zn^{2+} + Cu$$
beträgt -212 kJ ($= -50{,}6$ kcal). Daraus errechnet sich die EMK der entsprechenden Zelle zu ($F = 23$ kcal·V^{-1})
($= 96{,}14$ kJ·V^{-1})

A. $-2,2$ V
B. $-1,1$ V
C. $-0,5$ V
D. $+1,1$ V
E. $+2,2$ V

1.165   1.11.1   Fragentyp D

Die Reaktion $A + B \rightleftharpoons C$ befinde sich bei gegebener Temperatur im Gleichgewicht. Welche Auswirkungen hat eine Erhöhung der Konzentration von A?

1) Die Konzentration an B nimmt ab.
2) Die Konzentration an C nimmt zu.
3) Das Gleichgewicht verschiebt sich nach rechts.
4) Das Gleichgewicht verschiebt sich nach links.

Wählen Sie bitte die zutreffende Aussagenkombination.

A. Nur 1 ist richtig
B. Nur 2 ist richtig
C. Nur 1 und 3 sind richtig
D. Nur 2 und 4 sind richtig
E. Nur 1, 2 und 3 sind richtig

1.166   1.11.1   Fragentyp D

Für ein Reaktionssystem im stationären Zustand (Fließgleichgewicht) gilt:

1) Die Gesamtreaktionsgeschwindigkeit ist Null.
2) Die Gesamtreaktionsgeschwindigkeit hat einen endlichen Wert.
3) Die Gesamtreaktionsgeschwindigkeit ist konstant.
4) Die Konzentrationen der Reaktionsteilnehmer sind konstant.
5) Die Konzentrationen der Reaktionsteilnehmer variieren.

Wählen Sie bitte die zutreffende Aussagenkombination.

A. Nur 1 und 3 sind richtig
B. Nur 1 und 4 sind richtig
C. Nur 2 und 5 sind richtig
D. Nur 2, 3 und 4 sind richtig
E. Nur 2, 3 und 5 sind richtig

1.167   1.11.1   Fragentyp D

Befindet sich eine Reaktion im chemischen Gleichgewicht, so sind folgende Aussagen richtig:

1) Die Konzentrationen der Reaktionspartner sind konstant.
2) Die Konzentrationen der Reaktionspartner ändern sich fortwährend.
3) Die Gesamtreaktionsgeschwindigkeit ist Null.
4) Die Gesamtreaktionsgeschwindigkeit ist immer größer Null.
5) Hin- und Rückreaktion haben unterschiedliche Geschwindigkeit.

Wählen Sie bitte die zutreffende Aussagenkombination.

A. Nur 1 ist richtig
B. Nur 1 und 3 sind richtig
C. Nur 2 und 4 sind richtig
D. Nur 2 und 5 sind richtig
E. Nur 3 und 5 sind richtig

1.168   1.11.1.   Fragentyp A

Welche Aussage über stationäre Zustände (Fließgleichgewichte) trifft nicht zu?

A. Sie besitzen eine endliche Gesamtreaktionsgeschwindigkeit.
B. Die Konzentrationen der Reaktionspartner sind konstant.
C. Sie unterscheiden sich grundsätzlich vom chemischen Gleichgewichtszustand.
D. Sie lassen sich nur in geschlossenen Systemen aufrechterhalten.
E. Sie besitzen eine konstante Gesamtreaktionsgeschwindigkeit.

1.169   1.11.1   Fragentyp A

Ein Reaktionssystem befindet sich dann in chemischem Gleichgewicht, wenn

A. in der Zeiteinheit gleichviele Produkte entstehen, wie wieder in die Edukte zerfallen
B. die Reaktionspartner zu Ende reagiert haben
C. die Reaktionsgeschwindigkeit der "Hin"- und "Rück"-Reaktion Null ist.
D. die Reaktionsprodukte stabil sind
E. die Geschwindigkeit bei der Rückreaktion Null ist

1.170 1.11.2 Fragentyp A

Welche Aussage trifft nicht zu?
Für gekoppelte Reaktionen gilt:

A. Die Änderungen der freien Enthalpien addieren sich zu einem Gesamtbetrag.
B. Die Reaktionsenthalpien addieren sich zu einem Gesamtbetrag.
C. Für jede Teilreaktion kann man eine eigene Reaktionsgleichung aufstellen.
D. Das Produkt der Gleichgewichtskonstanten der Teilreaktionen ist gleich der Gleichgewichtskonstanten der Gesamtreaktion.
E. Die Summe der Gleichgewichtskonstanten der Teilreaktionen ist gleich der Geschwindigkeitskonstanten der Gesamtreaktion.

1.171 1.11.2 Fragentyp A

Das Massenwirkungsgesetz ergibt für die Komplexbildungsreaktion

$$[Cu(OH_2)_4]^{2+} + 4\ NH_3 \rightleftharpoons [Cu(NH_3)_4]^{2+} + 4\ H_2O$$

den Quotienten

A. $\dfrac{[[Cu(NH_3)_4]^{2+}]\,[H_2O]^4}{[[Cu(OH_2)_4]^{2+}]\,[NH_3]^4}$

B. $\dfrac{[NH_3]^4\,[H_2O]^4}{[[Cu(NH_3)_4]^{2+}]\,[[Cu(OH_2)_4]^{2+}]}$

C. $\dfrac{[[Cu(OH_2)_4]^{2+}]\,[NH_3]^4}{[H_2O]^4\,[[Cu(NH_3)_4]^{2+}]}$

D. $\dfrac{[[Cu(NH_3)_4]^{2+}]\,[NH_3]^4}{[[Cu(OH_2)_4]^{2+}]\,[H_2O]^4}$

E. $\dfrac{[[Cu(NH_3)_4]^{2+}]\,[4\ H_2O]}{[[Cu(OH_2)_4]^{2+}]\,[4\ NH_3]}$

1.172   1.11.2   Fragentyp A

Für die nachstehende Gesamtreaktion folgt aufgrund der Einzelreaktionen (a) und (b) für die Gleichgewichtskonstante (K_c)

$$2\ NO + O_2 + 2\ SO_2 \longrightarrow 2\ SO_3 + 2\ NO$$

(a) $2\ NO + O_2 \longrightarrow 2\ NO_2$
(b) $2\ SO_2 + 2\ NO_2 \longrightarrow 2\ SO_3 + 2\ NO$

A. $\dfrac{[SO_3]^2}{[O_2][SO_2]^2} = K_c$

B. $\dfrac{[O_2][SO_2]^2}{[SO_3]^2} = K_c$

C. $\dfrac{[O_2][SO_3]^2}{[SO_2]^2} = K_c$

D. $\dfrac{[O_2][SO_3]^2}{[SO_2]^2[NO_2]^2} = K_c$

E. $\dfrac{[O_2][SO_3]^2}{[NO]^2[SO_2]^2} = K_c$

1.173   1.11.2   Fragentyp A

Welche Antwort trifft zu?
Die Ammoniakdarstellung nach Haber-Bosch verläuft nach der Gleichung $3\ H_2 + N_2 \rightleftharpoons 2\ NH_3$. Für die Gleichgewichtskonstante folgt daraus

A. $\dfrac{p^2_{NH_3}}{p^3_{H_2} \cdot p_{N_2}} = K_p$

B. $\dfrac{2 p_{NH_3}}{3 p_{H_2} \cdot p_{N_2}} = K_p$

C. $\dfrac{p^3_{H_2} \cdot p_{N_2}}{p^2_{NH_3}} = K_p$

D. $p_{H_2} \cdot p^2_{NH_3} = K_p$

E. $K_p \cdot p^2_{NH_3} = p^3_{H_2} \cdot p_{N_2}$

1.174   1.11.2   Fragentyp A

Welche Antwort trifft zu?
Die Anwendung des Massenwirkungsgesetzes auf die Knallgasreaktion 2 H_2 + O_2 ⟶ 2 H_2O ergibt für die Gleichgewichtskonstante den Ausdruck

A. $\dfrac{[H_2]^2[O_2]}{[H_2O]^2} = K_c$

B. $\dfrac{[H_2O]^2[O_2]}{[H_2]^2} = K_c$

C. $\dfrac{[H_2][O_2]}{[H_2O]} = K_c$

D. $\dfrac{[H_2O]^2}{[H_2]^2[O_2]} = K_c$

E. $\dfrac{2[H_2][O_2]}{2[H_2O]} = K_c$

1.175   1.11.2   Fragentyp A

Welche Aussage ist richtig?
Unter der "Aktivität" einer Substanz versteht man

A. die Konzentration der Substanz
B. die Energie, die man braucht, um die Substanz umzusetzen
C. die Energie, die bei der Solvation frei wird
D. das Produkt aus Konzentration und Aktivitätskoeffizienten
E. das Reaktionsverhalten der Substanz

1.176 1.11.2 Fragentyp C

In konzentrierten Lösungen müssen anstelle der Konzentrationen die Aktivitäten in das MWG eingesetzt werden,

weil

die Aktivität als "Konzentration · Aktivitätskoeffizient" definiert ist.

1.177 1.11.2 Fragentyp A

Das Massenwirkungsgesetz ergibt für die Komplexbildungsreaktion

$$AgBr + 2\ Na_2S_2O_3 \longrightarrow [Ag(S_2O_3)_2]^{3-} + 4\ Na^+ + Br^-$$

den Quotienten

A. $\dfrac{[AgBr]\ [Na_2S_2O_3]^2}{[[Ag(S_2O_3)_2]^{3-}]\ [Na^+]^4\ [Br^-]}$

B. $\dfrac{[[Ag(S_2O_3)_2]^{3-}]\ [Na^+]^4\ [Br^-]}{[AgBr]\ [Na_2S_2O_3]^2}$

C. $\dfrac{[[Ag(S_2O_3)_2]^{3-}] \cdot 4[Na^+]\ [Br^-]}{[AgBr] \cdot 2[Na_2S_2O_3]}$

D. $\dfrac{[AgBr]\ [Na^+]^4\ [Br^-]}{[Na_2S_2O_3]^2[[Ag(S_2O_3)_2]^{3-}]}$

E. $\dfrac{[[Ag(S_2O_3)_2]^{3-}][Na_2S_2O_3]^2}{4[Na^+][Br^-]\ [AgBr]}$

1.178 1.11.3 Fragentyp A

Welche Aussage trifft zu?
Befindet sich eine exotherme Reaktion im chemischen Gleichgewicht, so bewirkt äußere Energiezufuhr

A. eine Verschiebung des Gleichgewichts in Richtung der Produkte
B. eine Verschiebung des Gleichgewichts in Richtung der Ausgangsstoffe
C. eine Erhöhung der Reaktionsenthalpie
D. keine Veränderung der Gleichgewichtslage der Reaktion
E. eine Erniedrigung der Reaktionsenthalpie

1.179 1.11.5 Fragentyp A

Die Anwendung des Massenwirkungsgesetzes auf die erste Dissoziationsstufe der Orthophosphorsäure ergibt für die Gleichgewichtskonstante den Ausdruck

A. $K = \dfrac{[H_2PO_4^{\ominus}][H^{\oplus}]}{[H_3PO_4]}$

B. $K = \dfrac{[H_3PO_4][H^{\oplus}]}{[H_2PO_4^{\ominus}]}$

C. $K = \dfrac{[H_3PO_4]}{[H^{\oplus}][H_2PO_4^{\ominus}]}$

D. $K = \dfrac{[H_2PO_4^{\ominus}]}{[H^{\oplus}][H_3PO_4]}$

E. $K = \dfrac{[H_2PO_4^{\ominus}]}{[H_3PO_4]}$

1.180 1.12.1 Fragentyp A

Welche Aussage trifft nicht zu?

A. Eine Lewis-Säure ist ein Elektronenpaardonator.
B. Eine Lewis-Säure ist ein Elektrophil.
C. Antimonpentachlorid ($SbCl_5$) ist eine Lewis-Säure.
D. Eine Säure-Base-Reaktion besteht nach Lewis in der Ausbildung einer kovalenten Bindung zwischen einer Lewis-Säure und einer Lewis-Base.
E. $Cl^{\ominus}$ ist eine Lewis-Base.

| 1.181 | 1.12.1
1.13.1 | Fragentyp C |
|---|---|---|

Alle Säure-Base-Reaktionen nach Broensted sind auch Redoxreaktionen

<u>weil</u>

bei Säure-Base-Reaktionen Protonenwanderungen stattfinden.

| 1.182 | 1.12.1
1.14.5 | Fragentyp A |
|---|---|---|

Welche Aussage ist richtig?

A. Säuren erkennt man leicht an ihrer alkalischen Reaktion gegenüber pH-Indikatorpapier.
B. Die Temperatur spielt beim Ablauf chemischer Reaktionen nur eine untergeordnete Rolle.
C. Chemische Reaktionen laufen im festen Zustand am schnellsten ab.
D. Die Verbindung NH_4OH ist eine farblose, stechend riechende Flüssigkeit.
E. HCl ist eine einbasige Säure.

1.183	1.12.1	Fragentyp B

Ordnen Sie bitte den Begriffen in Liste 1 das beste Beispiel aus Liste 2 zu:

<u>Liste 1</u>   <u>Liste 2</u>

1) Lewis-Base   A. SO_3 D. NH_3
2) Lewis-Säure   B. $CHCl_3$
                   C. CO_2 E. $C_6H_5{-}Cl$

| 1.184 | 1.12.1 | Fragentyp A |

Welche Aussage trifft zu?
Alle Broensted-Säuren sind

A. starke Elektrolyte
B. erst ab pH $\leq$ 6 stabil
C. Protonendonatoren
D. mehrstufig dissoziierende Elektrolyte
E. Elektronendonatoren

| 1.185 | 1.12.1 | Fragentyp A |

Welche Aussage trifft zu?
Eine Broensted-Base ist eine Substanz,

A. die nur als Salz existenzfähig ist
B. die Protonen aufnimmt
C. die Elektronen aufnimmt
D. die mindestens zweistufig dissoziiert
E. die in wäßriger Lösung immer vollständig dissoziiert ist

| 1.186 | 1.12.2 / 1.12.5 | Fragentyp A |

Welcher Wasserstoffionenkonzentration (in mol·l^{-1}) entspricht der pH-Wert 6?

A. 10^{-12}
B. 10^{-9}
C. $6 \cdot 10^{-7}$
D. 10^{-6}
E. 10^{6}

| 1.187 | 1.12.3 | Fragentyp C |

Eine wäßrige Lösung von Kaliumcyanid reagiert alkalisch,

weil

KCN als Salz in Wasser gut löslich ist.

1.188   1.12.4   Fragentyp A

Eine 0,1 M Lösung von Propionsäure hat einen pH-Wert von 3. Berechnen Sie bitte die Säurekonstante K_s der Säure.

A. 10^{-2}
B. 10^{-3}
C. 10^{-4}
D. 10^{-5}
E. 10^{-6}

1.189   1.12.5   Fragentyp A

Der pH-Wert einer 0,1 N wäßrigen NaOH-Lösung ist

A. 11
B. 12
C. 13
D. 14
E. 15

1.190   1.12.5   Fragentyp C

Bei der pH-Messung in wäßrigen Lösungen mittels Glaselektrode ist eine Bezugselektrode nicht erforderlich,

weil

die Potentialdifferenz an der Phasengrenze Glas/Lösung hauptsächlich vom pH-Wert der Probenlösung abhängt.

1.191   1.12.5   Fragentyp A

Wievielfach müssen Sie verdünnen, um aus einer HCl-Lösung mit pH 2 eine HCl-Lösung mit pH 4 herzustellen?

A. 2-fach
B. 4-fach
C. 10-fach
D. 100-fach
E. 200-fach

1.192 1.12.5 Fragentyp A

Welche Aussage trifft zu?
Der pH-Wert einer 10^{-6} N NaOH-Lösung ist

A. 6
B. 7
C. 8
D. 9
E. 10

1.193 1.12.5 Fragentyp A

Welche Aussage trifft zu?
Der pH-Wert einer $0,5 \times 10^{-5}$ N HCl-Lösung beträgt etwa

A. 2,9
B. 3,7
C. 4,2
D. 5,3
E. 6,5

1.194 1.12.5 Fragentyp A

Wie groß ist etwa der pH-Wert einer 0,01 M Ameisensäurelösung? (pK_s Ameisensäure : 3,8)

A. 1,8
B. 2,5
C. 2,9
D. 3,5
E. 3,8

1.195 1.12.5 Fragentyp A

Welche Aussage trifft zu?
Gibt man zu 50 ml 1 N NaOH genau 25 ml 1 N HCl, erhält man eine Lösung mit dem pH-Wert

A. 5
B. 7
C. 8
D. 10
E. 14

1.196   1.12.5   Fragentyp A

Welche Aussage trifft zu?
Der pH-Wert einer 0,1 M NH_3-Lösung (pK_b = 5) ist

A. 7,5   D. 10
B. 8   E. 11
C. 9,5

1.197   1.12.5   Fragentyp E

Aus der Titrationskurve läßt sich die Dissoziations-
konstante der schwachen Säure abschätzen zu

A. 10^{-8}

B. 10^{-6}

C. $10^{-5,5}$

D. $10^{-4,7}$

E. 10^{-3}

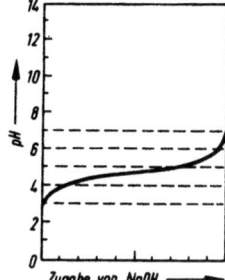

1.198   1.12.5   Fragentyp E

Die Abbildung zeigt die Kurve, die bei der Titration einer schwachen Säure mit einer starken Base erhalten wurde. Ordnen Sie bitte die Begriffe aus Liste 1 den entsprechenden Punkten (A-E) in der Abbildung zu:

Liste 1

1) Äquivalenzpunkt
2) pK_s-Wert
3) Neutralpunkt

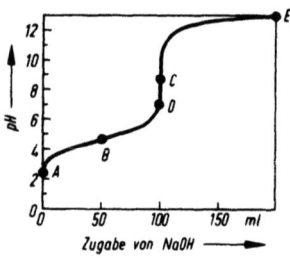

1.199   1.12.5
         1.12.6   Fragentyp C

Die $OH^\ominus$-Ionenkonzentration in sehr starken Säuren ist Null,

weil

sehr starke Säuren weitgehend dissoziiert sind.

1.200   1.12.5
         1.12.6   Fragentyp A

Wie groß ist der pH-Wert einer 10^{-9} N wäßrigen NaOH-Lösung?

A. 6   D. 9
B. 7   E. 10
C. 8

Lösungshilfe: reines Wasser hat den pH-Wert 7, d.h. $[H^+] = [OH^-] = 10^{-7}$. Hieraus folgt, daß der pH-Wert in diesem Falle keinen kleineren Wert als 7 annehmen kann.

1.201   1.12.5
        1.12.6   Fragentyp A

Wie groß ist der pH-Wert einer 0,1 N Essigsäure, die zu 3% dissoziiert ist?

A. 1   D. 3
B. 1,5   E. 4,5
C. 2,5

Lösungsschritte:

100% Diss. $\triangleq$ pH = 1 (c_{H+} = 0,1 mol·l^{-1})
 10% Diss. $\triangleq$ pH = 2 (c_{H+} = 0,01 mol·l^{-1})
  1% Diss. $\triangleq$ pH = 3 (c_{H+} = 0,001 mol·l^{-1})
  3% Diss. $\triangleq$ pH = 2,5

1.202   1.12.8   Fragentyp B

Ordnen Sie bitte jedem Reaktionstyp in Liste 1 das beste Beispiel einer derartigen Reaktion aus Liste 2 zu:

Liste 1

1. Neutralisationsreaktion
2. Komplexbildungsreaktion

Liste 2

A. $NaCl \xrightarrow{H_2O} Na^+ + Cl^-$
B. $HCl + NH_3 \longrightarrow NH_4Cl$
C. $2\ NO + O_2 \longrightarrow 2\ NO_2$
D. $Ni + Cl_2 \longrightarrow NiCl_2$
E. $Ni + 4\ CO \longrightarrow Ni(CO)_4$

1.203   1.12.8   Fragentyp A

Für die Neutralisation von 20 ml Magensaft verbraucht man 60 ml 0,1 N NaOH. Wie groß ist etwa die Molarität der im Magensaft enthaltenen Salzsäure?

A. 0,1 M   D. 0,4 M
B. 0,2 M   E. 0,6 M
C. 0,3 M

1.204	1.12.8 1.12.10	Fragentyp A

Welche Angabe trifft zu?
Wieviel ml 1 N HCl braucht man zur Neutralisation von 28 g KOH?

A. 100 ml
B. 250 ml
C. 500 ml
D. 750 ml
E. 1000 ml

(Atommassen: H = 1, O = 16, Cl = 35,5, K = 39)

1.205	1.12.9	Fragentyp A

Welche Antwort trifft <u>nicht</u> zu?
Die folgenden Verbindungspaare sind - in Wasser gelöst - als Puffer geeignet:

A. Natriumhydroxid/Natriumacetat
B. Essigsäure/Natriumacetat
C. Natriumdihydrogenphosphat/Natriumhydrogenphosphat
D. Kohlensäure/Natriumhydrogencarbonat
E. Ammoniak/Ammoniumchlorid

1.206	1.12.9	Fragentyp A

Aus dem Massenwirkungsgesetz folgt für den pH-Wert einer Essigsäurelösung (pK_s = 4,7), wenn $CH_3COOH : CH_3COO^-$ = 1:100 ist,

A. ca. 4
B. ca. 5
C. ca. 6
D. ca. 7
E. ca. 8

1.207	1.12.9	Fragentyp A

Welche Aussage trifft zu?
Ein Puffersystem kann bestehen aus

A. der gesättigten Lösung eines unvollständig dissoziierenden Salzes (z.B. CH_3COONa)
B. einer starken Säure und ihrem Alkalisalz (z.B. HCl/NaCl)
C. dem Salz einer starken Säure und einer verdünnten Lösung der Säure (z.B. Na_2SO_4/verd. H_2SO_4)
D. gleichen Teilen einer starken Säure und einer starken Base (z.B. HCl/NaOH)
E. einer schwachen Base und ihrem Salz mit einer starken Säure (z.B. NH_3/NH_4Cl)

1.208 1.12.9 Fragentyp A

Welchen pH-Wert hat eine Pufferlösung aus 0,1 N Natriumacetat und 0,1 N Essigsäure (pK_S = 4,7)?

A. 2,3 D. 7,0
B. 3,5 E. 9,4
C. 4,7

1.209 1.12.10 Fragentyp E

Das pH-Diagramm zeigt den Verlauf der Titration von 100 ml einer schwachen Base mit einer starken Säure. Ordnen Sie bitte die Begriffe aus Liste 1 den Punkten (A-E) in der Abbildung zu:

Liste 1

1) Äquivalenzpunkt
2) Neutralpunkt
3) pK_S-Wert

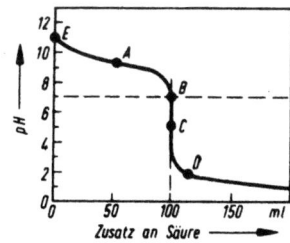

1.210   1.12.10   Fragentyp D

Welche Aussagen über Farbindikatoren treffen zu?

1) Ihre Eigenfarbe ändert sich mit dem pH-Wert der Lösung.
2) Farbindikatoren sind schwache Säuren oder Basen.
3) Der Umschlagsbereich eines Farbindikators liegt bei seinem pK_s-Wert.
4) Jeder Farbindikator ist grundsätzlich für alle Titrationen verwendbar.
5) Farbindikatoren erlauben die genaueste pH-Wert-Messung

Wählen Sie bitte die zutreffende Aussagenkombination.

A. Nur 3 und 4 sind richtig
B. Nur 1, 2 und 3 sind richtig
C. Nur 2, 4 und 5 sind richtig
D. Nur 1, 2, 3 und 4 sind richtig
E. Alle Aussagen sind richtig

1.211   1.12.10   Fragentyp B

Von der dreistufig dissoziierenden Orthophosphorsäure können die beiden ersten Dissoziationsstufen durch Säure-Base-Titration mit Farbindikatoren bestimmt werden. Welcher Indikator (Liste 2) ist für die jeweilige Stufe (Liste 1) am besten geeignet?

Liste 1

1) 1. Stufe (pK_s = 1,96), Äquivalenzpunkt etwa pH 4,4
2) 2. Stufe (pK_s = 7,21), Äquivalenzpunkt etwa pH 9,6

Liste 2

A. Metanilgelb pK_{sHIn} = 1,53
B. Bromthymolblau pK_{sHIn} = 3,98
C. Methylrot pK_{sHIn} = 5,8
D. Bromthymolblau pK_{sHIn} = 7,0
E. Phenolphthalein pK_{sHIn} = 10,0

1.212   1.13.1   Fragentyp B

Ordnen Sie bitte jedem der in Liste 1 aufgeführten Reaktionstypen die am besten geeignete Reaktionsgleichung aus Liste 2 zu:

Liste 1

1) Reduktionsreaktion
2) Oxidationsreaktion

Liste 2

A. $NaOH + HCl \longrightarrow NaCl + H_2O$
B. $R\text{-}X \longrightarrow R\cdot + X\cdot$
C. $2\,Na + Cl_2 \longrightarrow 2\,Cl^- + 2\,Na^+$
D. $BaSO_4 \longrightarrow Ba^{2+} + SO_4^{2-}$
E. $CO_2 + H_2O \longrightarrow H_2CO_3$

1.213   1.13.1   Fragentyp A

In den folgenden Verbindungen sind für bestimmte Atome Oxidationszahlen angegeben worden.
Welche Zuordnung trifft zu?

A. $\overset{+6}{H_2S}O_4$

B. $\overset{+3}{N}H_4Cl$

C. $H_2\overset{-1}{S}$

D. $H_3\overset{+7}{P}O_4$

E. $\overset{+1}{N}aCl$

1.214   1.13.1   Fragentyp B

Ordnen Sie bitte den Elementen in Liste 1 ihre wichtigste Oxidationszahl aus Liste 2 zu:

Liste 1　　　　　　　Liste 2

1) Al　　　　　　　A. -1
2) Mg　　　　　　　B. 1
　　　　　　　　　C. 2
　　　　　　　　　D. 3
　　　　　　　　　E. 4

1.215   1.13.1   Fragentyp A

In den folgenden Verbindungen sind für bestimmte Atome Oxidationszahlen angegeben worden. Welche Zuordnung trifft zu?

A. $\overset{+5}{H}NO_3$

B. $Na\overset{+2}{H}CO_3$

C. $\overset{+2}{Fe}Cl_3$

D. $\overset{+2}{Si}O_2$

E. $\overset{+4}{Al}_2O_3$

1.216   1.13.1   Fragentyp D

Welche der folgenden Aussagen über die Oxidationszahl treffen zu?

1) Die Oxidationszahl eines Atoms im elementaren Zustand ist Null.

2) Die Oxidationszahl eines einatomigen Ions entspricht seiner Ladung.

3) Die Oxidationszahl eines neutralen Atoms ist die Differenz aus der Zahl der Neutronen und der Elektronen.

4) Die Summe der Oxidationszahlen der Atome eines Ions entspricht seiner Ladung.

Wählen Sie bitte die zutreffende Aussagenkombination.

A. Nur 1 ist richtig
B. Nur 2 und 3 sind richtig
C. Nur 1 und 4 sind richtig
D. Nur 1, 2 und 4 sind richtig
E. Alle Aussagen sind richtig

1.217   1.13.1   Fragentyp A

Welche Aussage trifft zu?
Wird ein Stoff bei einer chemischen Umsetzung reduziert, dann

A. heißt er Reduktionsmittel
B. nimmt er Elektronen auf
C. handelt es sich um einen Sauerstoffdonator
D. verliert er immer Wasserstoff
E. wird das Reduktionsprodukt als Hydrid bezeichnet

                            1.13.1
                            2.2.6
1.218   2.4.1   Fragentyp D

Welche der folgenden Aussagen treffen zu?

1) Wasserstoff tritt immer einwertig auf.
2) Wasserstoff tritt auch zweiwertig auf.
3) Wasserstoff ist meist positiv einwertig.
4) Sauerstoff kann 1-, 2- und 3-wertig sein.
5) Sauerstoff ist meist zweiwertig.

Wählen Sie bitte die zutreffende Aussagenkombination.

A. Nur 1 und 5 sind richtig
B. Nur 2 und 4 sind richtig
C. Nur 3 und 4 sind richtig
D. Nur 1, 3 und 5 sind richtig
E. Nur 2, 3 und 5 sind richtig

1.219	1.13.2	Fragentyp C

Wird ein Eisenblech in eine Kupfersulfatlösung getaucht, so überzieht es sich mit einer roten Kupferschicht,

<u>weil</u>

Eisen ein positiveres Normalpotential als Kupfer hat.

1.220	1.13.2	Fragentyp D

Prüfen Sie bitte die folgenden Aussagen über das Normalpotential.

1) Normalpotentiale von Redoxpaaren werden mit der Normalwasserstoffelektrode unter Standardbedingungen gemessen.
2) Normalpotentiale haben das gleiche Vorzeichen, jedoch verschieden große Absolutwerte.
3) Das Normalpotential eines Redoxpaares charakterisiert sein Reduktions- bzw. Oxidationsvermögen in wäßriger Lösung.
4) Das Normalpotential 0 wird gegen eine Platinelektrode gemessen.
5) Die unedlen Leichtmetalle haben positive Normalpotentiale.

Wählen Sie bitte die zutreffende Aussagenkombination.

A. Nur 1 ist richtig

B. Nur 1 und 3 sind richtig

C. Nur 2 und 4 sind richtig

D. Nur 3 und 4 sind richtig

E. Nur 2, 3 und 5 sind richtig

1.221	1.13.2	Fragentyp A

Welche der nachfolgenden Reaktionsgleichungen geben den Reaktionsablauf zwischen den Redoxpaaren Zn/Zn^{2+} und Fe/Fe^{2+} richtig wieder?

($E^o_{Zn/Zn2+}$ = -0,76 V; $E^o_{Fe/Fe2+}$ = -0,44 V)

A. $Fe^{2+} + Zn^{2+} \rightleftarrows Fe^o + Zn^o$

B. $Fe^{2+} + \overset{o}{Zn} \rightleftharpoons Fe^{2+} + Zn^{2+}$

C. $Zn^{2+} + \overset{o}{Fe} \rightleftharpoons Fe^{2+} + \overset{o}{Zn}$

D. $Fe^{2+} + \overset{o}{Zn} \rightleftharpoons \overset{o}{Fe} + Zn^{2+}$

E. Keine der angegebenen Gleichungen trifft zu.

1.222   1.13.2   Fragentyp A

Wie groß ist das Normalpotential einer Normalwasserstoffelektrode?

A. - 0,33 V
B. - 0,50 V
C. - 1,00 V
D.   0,00 V
E. + 1,00 V

1.223   1.13.2
                 1.13.3   Fragentyp A

Welche der nachstehenden Reaktionsgleichungen gibt den Reaktionsablauf zwischen den Redoxpaaren Cu/Cu^{2+}(1-molar) und Fe/Fe^{2+}(1-molar) richtig wieder?

($E^o_{Cu/Cu^{2+}}$ = 0,35 V; $E^o_{Fe/Fe^{2+}}$ = - 0,44 V)

A. $Fe^{2+} + \overset{o}{Cu} \longrightarrow \overset{o}{Fe} + Cu^{2+}$

B. $Fe^{2+} + \overset{o}{Cu} \longrightarrow Fe^{2+} + Cu^{2+}$

C. $Fe^{2+} + Cu^{2+} \longrightarrow \overset{o}{Fe} + \overset{o}{Cu}$

D. $\overset{o}{Fe} + Cu^{2+} \longrightarrow Fe^{2+} + \overset{o}{Cu}$

E. Keine der angegebenen Gleichungen trifft zu

1.224 1.13.3 Fragentyp A

Berechnen Sie bitte das Potential E des Redoxpaares H_2/H_3O^+ bei pH 7 mit Hilfe der modifizierten Nernstschen Gleichung $E = E^O + 0{,}06 \cdot \lg[H_3O^+]$.

A. $-1{,}50$ V
B. $-0{,}42$ V
C. $-0{,}33$ V
D. $+0{,}42$ V
E. $+1{,}50$ V

1.225 1.13.3 Fragentyp A

Welchen Zahlenwert erhält man für das Potential E des Redoxpaares Fe/Fe^{2+} (0,1 M) mit Hilfe der Nernstschen Gleichung

$$E = E^O + \frac{0{,}06}{n} \lg \frac{[Ox]}{[Red]} ?$$

($E^O_{Fe/Fe^{2+}} = -0{,}44$ V)

A. $-0{,}50$ V
B. $-0{,}47$ V
C. $-0{,}41$ V
D. $-0{,}38$ V
E. $0{,}00$ V

1.226 1.13.4 Fragentyp B

Ordnen Sie bitte den Begriffen in Liste 1 das richtige Beispiel aus Liste 2 zu:

Liste 1

1) Disproportionierung
2) Komproportionierung

Liste 2

A. $Cl_2 + H_2 \longrightarrow 2\ HCl$
B. $SO_2 + 2\ H_2S \longrightarrow 3\ S + 2\ H_2O$
C. $2\ CrO_4^{2\ominus} \xrightarrow{H^{\oplus}} Cr_2O_7^{2\ominus}$
D. $Br_2 \longrightarrow 2\ Br\cdot$
E. $Br_2 + 2\ OH^{\ominus} \rightleftharpoons Br^{\ominus} + BrO^{\ominus} + H_2O$

1.227　　　　　　　　1.14.2　　　　　　　Fragentyp D

Die Reaktionsgeschwindigkeit ist

1) die differentielle Abnahme der Konzentration der Ausgangsstoffe in der Zeiteinheit.
2) die differentielle Zunahme der Konzentration der Produkte in der Zeiteinheit
3) umgekehrt proportional der Konzentration der Ausgangsstoffe.
4) proportional der Konzentration der Produkte.
5) der negative Logarithmus der Produktkonzentration.

Wählen Sie bitte die zutreffende Aussagenkombination.

A. Nur 1 ist richtig
B. nur 5 ist richtig
C. Nur 1 und 2 sind richtig
D. Nur 3 und 4 sind richtig
E. Nur 1, 2 und 5 sind richtig

1.228　　　　　　　　1.14.2　　　　　　　Fragentyp A

Die Reaktionsgeschwindigkeit ist definiert als

A. Konzentration x Reaktionszeit
B. $\dfrac{\text{Konzentration der Edukte}}{\text{Reaktionszeit}}$
C. $\dfrac{\text{Molumsatz}}{\text{Zeit}}$
D. $\dfrac{\text{Konzentrationsänderung}}{\text{Zeit}}$
E. Konzentrationsänderung x Zeit

1.229   1.14.3   Fragentyp A

Der radioaktive Zerfall von $^{137}_{53}I$ verläuft nach einer Reaktion 1. Ordnung. Die entsprechende Differentialgleichung für die Zerfallsgeschwindigkeit v lautet, wenn [A] die Ausgangskonzentration bedeutet

A. $v = -\dfrac{d[A]}{dt} = k\,[A]$

B. $v = -\dfrac{d[A]}{dt} = k$

C. $v = -\dfrac{d[A]}{c\,dt} = k$

D. $v = -\dfrac{d[A]}{dt}[A] = k$

E. $v = -\dfrac{d[A]}{dt} = -k$

1.230   1.14.3   Fragentyp A

Welche Aussage trifft zu?
Bei der Reaktion A ⟶ B, die nach 1. Ordnung verlaufen soll, ist die Reaktionsgeschwindigkeit

A. abhängig von der Konzentration von A
B. abhängig von der Konzentration von B
C. unabhängig von der Konzentration von A
D. abhängig vom Logarithmus der Konzentration von A
E. abhängig vom Logarithmus der Konzentration von B

1.231   1.14.3   Fragentyp C

Die Spaltung der Saccharose durch Wasser in Glucose und Fructose ist ein Beispiel für eine pseudomonomolekulare Reaktion

weil

bei der Hydrolyse der Saccharose Wassermoleküle als Reaktionspartner beteiligt sind.

| 1.232 | 1.14.3 | Fragentyp A |

Verläuft eine Reaktion in mehreren Schritten, so wird die Reaktionsgeschwindigkeit der Gesamtreaktion bestimmt durch

A. den ersten Reaktionsschritt
B. den letzten Reaktionsschritt
C. den schnellsten Reaktionsschritt
D. den langsamsten Reaktionsschritt
E. alle Reaktionsschritte

| 1.233 | 1.14.3 | Fragentyp A |

Die Reaktionsgeschwindigkeit einer Reaktion nullter Ordnung hängt ab von

A. der Substratkonzentration
B. der Halbwertszeit
C. der Aktivierungsenergie
D. der Reaktionsenthalpie
E. der Konzentration der Reaktionspartner

| 1.234 | 1.14.3 / 1.14.4 | Fragentyp A |

Welche Aussage trifft zu?
In dem "Konzentration gegen Zeit"-Diagramm einer Reaktion findet man einen exponentiellen Kurvenverlauf bei

A. Reaktionen 0. Ordnung
B. Reaktionen 1. Ordnung
C. Reaktionen 2. Ordnung
D. fast allen Reaktionen, unabhängig von der Reaktionsordnung
E. fast allen Reaktionen, jedoch abhängig von der Halbwertszeit

1.235 1.14.4 Fragentyp A

Welche Aussage trifft zu?
Die Halbwertszeit ist bei einer Reaktion 1. Ordnung

A. direkt proportional der Konzentration
B. unabhängig von der Konzentration
C. exponentiell abhängig von der Konzentration
D. abhängig von der Quadratwurzel aus der Konzentration
E. umgekehrt proportional zur Konzentration

1.236 1.14.5 Fragentyp A

Welche Aussage trifft zu?
Ein Katalysator

A. erniedrigt die Aktivierungsenthalpie
B. beeinflußt die Lage des Gleichgewichts
C. beeinflußt die Reaktionsenthalpie
D. hat keinen Einfluß auf die Reaktionsgeschwindigkeit
E. beschleunigt nur die Hinreaktion

1.237 1.14.5 Fragentyp D

Die Geschwindigkeitskonstante in der Arrhenius-Gleichung
$k = A \cdot e^{-E_a/RT}$ ist bei einer gegebenen Reaktion abhängig
von der

1) Aktivierungsenthalpie
2) Temperatur
3) Größe der Moleküle
4) Zahl der Moleküle
5) Größe der Ionisierungsenergie

Wählen Sie bitte die zutreffende Aussagenkombination.

A. Nur 1, 2 und 5 sind richtig
B. Nur 2, 3 und 4 sind richtig
C. Nur 3, 4 und 5 sind richtig
D. Nur 1, 2, 3 und 4 sind richtig
E. Alle Aussagen sind richtig

1.238　　　　　　　　1.14.5　　　　　Fragentyp A

Welche Aussage über Katalysatoren trifft <u>nicht</u> zu?

A. Sie erniedrigen die Aktivierungsenergie der Reaktion.
B. Sie bilden oft kurzlebige Zwischenverbindungen mit dem Substrat.
C. Sie erhöhen die Reaktionsgeschwindigkeit.
D. Sie beeinflussen die Lage des Gleichgewichts.
E. Sie haben keinen Einfluß auf die Reaktionsenthalpie der Gesamtreaktion.

1.239　　　　　　　　1.14.5　　　　　Fragentyp A

Welche Aussage trifft zu?
Als Aktivierungsenthalpie bezeichnet man

A. die Enthalpiedifferenz zwischen dem Produkt und dem Ausgangsstoff
B. die Erniedrigung der Reaktionsenthalpie bei Verwendung eines Katalysators
C. die Enthalpiedifferenz zwischen einer Zwischenstufe und dem Endprodukt
D. die Enthalpiedifferenz zwischen dem Ausgangsstoff und einem Übergangszustand
E. die aufzubringende Enthalpie bei einer endothermen Reaktion

1.240   1.14.6   Fragentyp E

Die folgende Abbildung zeigt das Energieprofil einer
Reaktion. Ordnen Sie bitte den Begriffen in Liste 1
den entsprechenden Buchstaben (A-E) aus der Abbildung
zu:

Liste 1

1) Reaktionskoordinate
2) Übergangszustand
3) Zwischenstufe

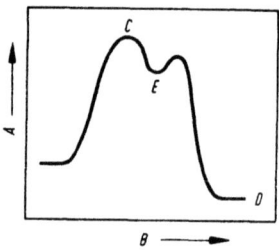

1.241   1.14.6   Fragentyp E

Die folgende Abbildung zeigt das Energieprofil einer
Reaktion. Ordnen Sie bitte den Begriffen in Liste 1 den
entsprechenden Buchstaben (A-E) aus der Abbildung zu:

Liste 1

1) Aktivierungsenthalpie
2) Reaktionsenthalpie

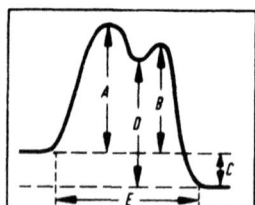

1.242   1.14.7   Fragentyp C

Die Verbrennung von CCl_4 mit Sauerstoff zu CO_2 ist unter
normalen Bedingungen nicht möglich,

weil

die Verbrennung von CCl_4 eine thermodynamisch kontrollier-
te Reaktion ist.

1.243   1.14.7   Fragentyp A

Welche Aussage trifft zu?
In einem Reaktionssystem sollen Reaktionswege mit unterschiedlichen Aktivierungsenthalpien vorliegen. Es wird derjenige Reaktionsweg bevorzugt,

A. der über eine Zwischenstufe verläuft
B. bei dem die niedrigste Aktivierungsenthalpie überwunden werden muß
C. bei dem ein Katalysator eingesetzt werden muß
D. der nach 2. Ordnung verläuft
E. der über einem Übergangszustand verläuft

1.244   1.15.1   Fragentyp D

Additionsreaktionen können erfolgen an

1) Aldehyden
2) Nitrilen
3) Olefinen
4) Kohlendioxid
5) Kohlenmonoxid

Wählen Sie bitte die zutreffende Aussagenkombination.

A. Nur 1 und 3 sind richtig
B. Nur 1, 2 und 3 sind richtig
C. Nur 1, 3 und 4 sind richtig
D. Nur 1, 2, 3 und 4 sind richtig
E. Alle Aussagen sind richtig

1.245	1.15.1 1.15.2	Fragentyp B

Ordnen Sie bitte den in Liste 1 angegebenen Begriffen die entsprechende Reaktion in Liste 2 zu

Liste 1

1) Additionsreaktion
2) Eliminierungsreaktion

Liste 2

A. $Cl_2 \xrightarrow{\Delta} 2\,|\overline{\underline{Cl}}\cdot$

B. $>C=O + HCN \longrightarrow HO-\underset{|}{\overset{|}{C}}-CN$

C. $BrCH_2-CH_2Br + Zn \longrightarrow CH_2=CH_2 + ZnBr_2$

D. $HCl + NaOH \longrightarrow H_2O + NaCl$

E. $BrCH_2-CH_3 + OH^{\ominus} \longrightarrow HO-CH_2-CH_3 + Br^{\ominus}$

1.246	1.15.5 1.15.6 1.15.7	Fragentyp A

Welche Zuordnung trifft nicht zu?

A. Anion   — CH_3O^-

B. Kation   — NH_4^+

C. Nucleophil — NO^+

D. Radikal   — $R-COO\cdot$

E. Elektrophil — $AlCl_3$

2 Anorganische Chemie

2.01 2.1.1 / 2.4.2 / 2.5.3 Fragentyp A

Reine Luft hat die Zusammensetzung (Vol. %):

	O_2	N_2	CO_2	Edelgase
A.	21	78	0,5	0,5
B.	40	54	1	5
C.	21	78	0,03	0,97
D.	78	21	0,97	0,03
E.	50	45	1	4

2.02 2.1.2 Fragentyp A

Welche Bindungsart tritt zwischen He-Atomen in flüssigem Helium auf?

A. Ionische Bindung
B. Kovalente Bindung
C. Polare Atombindung
D. van der Waals-Bindung
E. Keine Bindung

2.03 2.2.2 Fragentyp A

Die Zahl der natürlichen Isotope des Elements Wasserstoff beträgt

A. 1
B. 2
C. 3
D. 4
E. 5

2.04   2.2.2   Fragentyp C

Isotopieeffekte sind bei den Wasserstoffisotopen H, D und T größer als bei anderen Isotopen,

<u>weil</u>

das Verhältnis der Atommassen der Wasserstoffisotope 1:2:3 ist.

2.05   2.2.3   Fragentyp A

Unter Knallgas versteht man ein Gemisch aus

A. CO und CO_2
B. N_2 und O_2
C. CO und H_2
D. H_2 und O_2
E. Cl_2 und H_2

2.06   2.2.3   Fragentyp A

Wieviel Wasserstoffgas braucht man, um nach der Gleichung

$$H_2 + \frac{1}{2} O_2 \longrightarrow H_2O$$

11,2 Liter Wasserdampf zu erzeugen?
(Atommassen: H = 1; O = 16; Molvolumen: 22,4 $l \cdot mol^{-1}$)

A. $\frac{18}{22,4}$ g H_2
B. 0,5 g H_2
C. 1 g H_2
D. 1 l H_2
E. 2 mol H_2

2.07	2.3.1 2.3.2 2.3.3	Fragentyp D

Welche Aussagen über Halogene treffen zu?

1) Halogene bilden zweiatomige Moleküle.
2) Alle Halogene können die Oxidationszahlen von -1 bis +7 annehmen.
3) Halogene kommen nur gebunden vor.
4) Das Normalpotential $X^{\ominus}/X_2$ nimmt von Fluor zu Iod hin stark ab.
5) Der Nichtmetallcharakter nimmt innerhalb der Gruppe von oben nach unten hin ab.

Wählen Sie bitte die zutreffende Aussagenkombination.

A. Nur 1, 2 und 3 sind richtig
B. Nur 1, 3 und 4 sind richtig
C. Nur 2, 4 und 5 sind richtig
D. Nur 1, 3, 4 und 5 sind richtig
E. Alle Aussagen sind richtig

2.08	2.3.2 2.3.3	Fragentyp C

Brom kann durch Einleiten von Chlorgas in Bromidlösungen erhalten werden,

weil

Cl_2 ein stärkeres Oxidationsmittel ist als Br_2.

2.09   2.3.3
2.3.8
2.3.10   Fragentyp D

Welche der nachfolgend aufgeführten Reaktionsgleichungen sind tatsächlich möglich?

1) $SiF_4 + 2\ F^\ominus \longrightarrow [SiF_6]^{2\ominus}$

2) $2\ HF \rightleftharpoons H_2F^\oplus + F^\ominus$

3) $2\ F_2 + 2\ OH^\ominus \longrightarrow 2\ F^\ominus + F_2O + H_2O$

4) $3\ KBr + H_3PO_4 \longrightarrow K_3PO_4 + 3\ HBr$

5) $HBr + MnO_2 \longrightarrow MnBr_2 + 2\ H_2O + Br_2$

Wählen Sie bitte die zutreffende Aussagenkombination.

A. Nur 2 ist richtig

B. Nur 2 und 3 sind richtig

C. Nur 1, 2, 3 und 5 sind richtig

D. Nur 3, 4 und 5 sind richtig

E. Alle Gleichungen sind richtig

2.10   2.3.5
2.3.14   Fragentyp D

Welche der folgenden Verbindungen sind bis jetzt bekannt?

1) F_2O

2) ClO_2

3) I_2O_5

4) HIO_4

5) $K^\oplus I_3^\ominus$

Wählen Sie bitte die zutreffende Aussagenkombination.

A. Nur 5 ist richtig

B. Nur 3 und 4 sind richtig

C. Nur 2, 4 und 5 sind richtig

D. Nur 1, 2 und 3 sind richtig

E. Alle Verbindungen sind richtig

	2.3.6	
2.11	2.3.10	Fragentyp B

Ordnen Sie bitte den Reaktionstypen von Liste 1 die richtigen Reaktionsgleichungen aus Liste 2 zu:

Liste 1

1) Disproportionierungsreaktion
2) Radikalkettenreaktion

Liste 2

A. $H_2 + Cl_2 \xrightarrow{h\nu} 2\ HCl$
B. $2\ AgCN \longrightarrow 2\ Ag + (CN)_2$
C. $KI + I_2 \longrightarrow KI_3$
D. $HCl + NaOH \longrightarrow Na^{\oplus} + Cl^{\ominus} + H_2O$
E. $H_2O + Cl_2 \rightleftharpoons HOCl + HCl$

2.12.	2.3.7	Fragentyp C

Elementares Fluor kann nur durch anodische Oxidation von Fluoridionen dargestellt werden,

weil

Fluor das stärkste Oxidationsmittel ist.

	2.3.9	
	2.3.11	
2.13	2.3.12	Fragentyp A

Welche Aussage trifft nicht zu?

A. Die Stärke der Halogenwasserstoffsäuren wächst von HF zu HI.

B. Die Löslichkeit der Silberhalogenide in Wasser nimmt von AgF zu AgI hin ab.

C. Die Bindungsenergie der Halogenwasserstoffsäuren nimmt in folgender Reihenfolge ab: HF>HCl>HBr>HI.

D. Unterhalb 90°C liegen die HF-Moleküle monomer vor.

E. Flüssiger Fluorwasserstoff reagiert mit KF zu KF·HF= $K^{\oplus}HF_2^{\ominus}$

2.14   2.3.10   Fragentyp A

Welche Aussage über die folgende Reaktion trifft nicht zu?
$Cl_2 + H_2 \longrightarrow 2\ HCl$

A. Es handelt sich um die Chlor-Knallgas-Reaktion.
B. Sie wird durch Wärme in Gang gesetzt.
C. Sie wird durch Licht in Gang gesetzt.
D. Chlor wird dabei heterolytisch gespalten.
E. Im Verlauf der Reaktion treten Wasserstoffradikale auf.

2.15   2.3.15   Fragentyp B

Ordnen Sie bitte den Begriffen in Liste 1 das richtige Beispiel aus Liste 2 zu:

Liste 1   Liste 2

1) Pseudohalogen   A. Cl_2 D. $I_3^{\ominus}$
2) Pseudohalogenid   B. $BrCl$ E. $SCN^{\ominus}$
                         C. $(CN)_2$

2.16   2.3.16   Fragentyp B

Ordnen Sie bitte den Namen in Liste 1 die entsprechenden Verbindungen aus Liste 2 zu:

Liste 1   Liste 2

1) Knallsäure   A. $O=C=N-H$
   (Fulminsäure)
                         B. $H-C\equiv \overset{\oplus}{N}-\overset{\ominus}{\underline{O}}|$
2) Cyansäure
                         C. $H-O-C\equiv N$
                         D. $|C\equiv N-O-H$
                         E. $H-C\equiv N$

2.17   2.3.17   Fragentyp A

Welche Zuordnung ist <u>nicht</u> richtig?

A. Chlorid   – $Cl^{\ominus}$
B. Chlorat   – $ClO_3^{\ominus}$
C. Chlorit   – $ClO_2^{\ominus}$
D. Perchlorat – $ClO_5^{\ominus}$
E. Hypochlorit – $ClO^{\ominus}$

                2.4.1
                2.5.1
2.18   2.6.3   Fragentyp A

Welches der folgenden Elemente zeigt <u>nicht</u> die Erscheinung der Allotropie?

A. P   D. O
B. As   E. Cl
C. C

2.19   2.4.3   Fragentyp C

Das O_2-Molekül ist ein Diradikal

<u>weil</u>

O_2 ungepaarte Elektronen enthält.

2.20 2.4.5 Fragentyp D

Welche Aussagen über das Zustandsdiagramm des Wassers treffen zu?

1) Im Tripelpunkt des Wassers existieren drei Phasen nebeneinander.
2) In jedem Punkt einer Kurve existieren jeweils zwei Phasen nebeneinander.
3) Das Phasendiagramm ist eine graphische Darstellung der Existenzgebiete der Phasen und ihrer Übergänge.
4) Im Tripelpunkt sind alle drei Phasen miteinander im Gleichgewicht.
5) Innerhalb eines durch zwei Kurven begrenzten Gebietes ist jeweils nur eine Phase beständig.

Wählen Sie bitte die zutreffende Aussagenkombination.

A. Nur 1 ist richtig
B. Nur 2 und 3 sind richtig
C. Nur 3, 4 und 5 sind richtig
D. Nur 1, 2, 3 und 4 sind richtig
E. Alle Aussagen sind richtig

2.21 2.4.5 Fragentyp A

Welche Aussage über das Wassermolekül trifft nicht zu?

A. Das Sauerstoffatom besitzt eine negative Partialladung.
B. Zwischen den Molekülen bilden sich Wasserstoffbrückenbindungen aus.
C. Das Molekül besitzt ein Dipolmoment.
D. Die Wasserstoff-Sauerstoff-Bindungen sind polarisiert.
E. Molekül- und Ladungsschwerpunkt fallen zusammen.

2.22 2.4.14 Fragentyp E

Die Abbildung zeigt das vereinfachte Zustandsdiagramm des Schwefels. Ordnen Sie bitte den in Liste 1 aufgeführten Zuständen den entsprechenden Buchstaben (A - E) aus der Abbildung zu:

Liste 1

1) flüssiger Schwefel
2) α-Schwefel (rhombischer Schwefel)

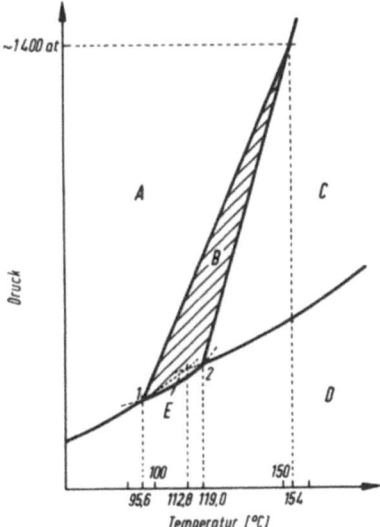

	2.4.18	
2.23	2.4.22	Fragentyp B

Ordnen Sie bitte den Namen in Liste 1 die entsprechenden Substanzen aus Liste 2 zu:

Liste 1

1) Schweflige Säure.
2) Peroxomonschwefelsäure

Liste 2

A. [Struktur: drei SO_3-Gruppen ringförmig über O-Brücken verbunden]

B. $H - \overline{\underline{O}} - \overline{\underline{O}} - \overset{O}{\underset{O}{S}} - \overline{\underline{O}} - H$

C. $HO-\overset{O}{\underset{O}{S}}-O-\overset{O}{\underset{O}{S}}-O-H$

D. $^{\ominus}\overline{\underline{|O|}} \diagdown \overset{2\oplus}{\underset{\underset{O}{S}}{}} \diagup \overline{\underline{|O|}}^{\ominus}$

E. $H - \overline{\underline{O}} - \overset{|O|}{\underset{}{\underline{S}}} - \overline{\underline{O}} - H$

	2.4.21	
2.24	2.4.22	Fragentyp B

Ordnen Sie bitte den Namen der Liste 1 die entsprechenden Verbindungen aus Liste 2 zu:

Liste 1

1) Thioschwefelsäure
2) Peroxoschwefelsäure

Liste 2

A. $H_2S_2O_7$
B. H_2SO_5
C. $H_2S_2O_4$
D. $H_2S_2O_3$
E. $H_2S_2O_8$

2.25 2.5.1 Fragentyp D

Welche Aussagen über Elemente der Stickstoffgruppe treffen zu?

1) Der Metallcharakter nimmt innerhalb der Gruppe von oben nach unten zu.
2) Die Stabilität der höchsten Oxidationsstufe nimmt innerhalb der Gruppe von oben nach unten zu.
3) Alle Elemente kommen in mehreren Modifikationen vor.
4) Die Elemente können die Oxidationszahlen von -3 bis +5 annehmen.
5) Stickstoff hat in dieser Gruppe die größte Elektronegativität.

Wählen Sie bitte die zutreffende Aussagenkombination.

A. Nur 1 und 2 sind richtig
B. Nur 3 und 4 sind richtig
C. Nur 1, 4 und 5 sind richtig
D. Nur 1, 3 und 5 sind richtig
E. Nur 2, 4 und 5 sind richtig

2.26 2.5.5 Fragentyp A

Welche Aussage trifft zu?
Um nach der Reaktionsgleichung $3 H_2 + N_2 \rightleftharpoons 2 NH_3$
72 g NH_3 zu erzeugen, müssen miteinander reagieren
(Atommassen: N = 14; H = 1)

A. 8,0 g H_2 und 42,0 g N_2
B. 12,7 g H_2 und 46,0 g N_2
C. 12,7 g H_2 und 59,3 g N_2
D. 24,0 g H_2 und 68,0 g N_2
E. 44,8 g H_2 und 22,4 g N_2

2.27 2.5.5
2.5.6
2.5.7   Fragentyp D

Welche Aussagen über Stickstoffverbindungen treffen zu?

1) Hydrazin N_2H_4 ist basischer als NH_3.
2) Flüssiges NH_3 ist für viele kovalent gebaute Substanzen ein gutes wasserähnliches Lösungsmittel.
3) Hydrazin verbrennt mit Sauerstoff nach der Gleichung $N_2H_4 + O_2 \longrightarrow N_2 + 2 H_2O$.
4) Hydrazin entsteht durch Oxidation von NH_3.
5) Stickstoffwasserstoffsäure HN_3 und die Schwermetallazide sind extrem explosiv.

Wählen Sie bitte die zutreffende Aussagenkombination.

A. Nur 1 und 2 sind richtig

B. Nur 2, 3 und 4 sind richtig

C. Nur 3, 4 und 5 sind richtig

D. Nur 1, 2, 4 und 5 sind richtig

E. Alle Aussagen sind richtig

2.28 2.5.5
2.5.13
2.5.19   Fragentyp A

Welche Zuordnung ist **nicht** richtig?

A. HNO_2 — Salpetersäure
B. $H_4P_2O_7$ — Pyrophosphorsäure
C. H_3PO_4 — Orthophosphorsäure
D. NaH_2PO_4 — Natriumdihydrogenphosphat
E. NH_4Cl — Ammoniumchlorid

2.29 2.5.7
2.5.10
2.5.13   Fragentyp D

Welche Aussagen über folgende Stickstoffverbindungen treffen zu?

1) Hydroxylamin, NH_2OH, entsteht u.a. durch Reduktion von HNO_3.
2) Von der Stickstoffwasserstoffsäure HN_3 lassen sich mehr mesomere Grenzformeln aufzeichnen als für das Azid-Ion $N_3^\ominus$.
3) Das Distickstoffoxid N_2O ist linear gebaut.
4) NO ist eine diamagnetische Substanz.
5) NO_2 ist ein Radikal.

Wählen Sie bitte die zutreffende Aussagenkombination.

A. Nur 1 ist richtig
B. Nur 1, 2 und 4 sind richtig
C. Nur 2 und 5 sind richtig
D. Nur 1, 3 und 5 sind richtig
E. Alle Aussagen sind richtig

2.30   2.5.13
            2.5.15
            2.5.16   Fragentyp D

Welche der folgenden Aussagen treffen zu?

1) "Königswasser" ist ein Gemisch aus einem Teil HNO_3 und drei Teilen HCl.
2) Nach dem Ostwald-Verfahren ensteht HNO_3 direkt aus N_2 und O_2.
3) HNO_2 reagiert mit NH_3 zu N_2.
4) PH_3 (Monophosphan) ist für sich nicht existenzfähig.
5) P_4O_6 ist das Endprodukt bei der Verbrennung von weißem Phosphor.

Wählen Sie bitte die zutreffende Aussagenkombination.

A. Nur 1 und 3 sind richtig
B. Nur 2 und 3 sind richtig
C. Nur 1, 3 und 5 sind richtig
D. Nur 2, 4 und 5 sind richtig
E. Nur 1, 2, 4 und 5 sind richtig

2.31 2.5.18 / 2.5.19 Fragentyp B

Ordnen Sie bitte den Säuren in Liste 1 die richtige Formel aus Liste 2 zu:

Liste 1

1) Orthophosphorsäure
2) Hypophosphorige Säure

Liste 2

A. $\begin{array}{c} \text{OH} \\ | \\ \text{HO-P=O} \\ | \\ \text{OH} \end{array}$

B. $\begin{array}{c} \text{H} \\ | \\ \text{HO-P-OH} \\ \| \\ \text{O} \end{array}$

$\begin{array}{c} \text{H} \\ | \\ \text{H-P=O} \\ | \\ \text{OH} \end{array}$

D. HPO_2

D. $H_2P_2O_7$

2.32 2.5.20 / 2.5.21 / 2.5.22 Fragentyp D

Welche der folgenden Aussagen treffen zu?

1) PF_3 ist eine starke Lewis-Säure.
2) PCl_5 ist im festen Zustand trigonal-bipyramidal gebaut.
3) P_2S_3 ist das einfachste Phosphorsulfid.
4) Im AsH_3 liegt der Wasserstoff als $H^{\oplus}$ vor.
5) As_4S_4 entsteht beim Einleiten von H_2S in saure Lösungen von As^{5+}-Ionen.

Wählen Sie bitte die zutreffende Aussagenkombination.

A. Nur 1 ist richtig
B. Nur 4 ist richtig
C. Nur 1, 2 und 3 sind richtig
D. Nur 3, 4 und 5 sind richtig
E. Alle Aussagen sind richtig

2.33	2.6.1 2.6.2 2.6.3	Fragentyp D

Welche Aussagen treffen zu?

1) Kohlenstoff und Silicium bilden stabile p_π-p_π-Bindungen.
2) CH_4 ist die einzige exotherme Verbindung vom Typ MH_4.
3) Im Graphit ist die Hybridisierung der C-Atome sp^3.
4) Graphit ist die bei Zimmertemperatur metastabile Modifikation des Kohlenstoffs.
5) Diamant ist reaktionsträger als Graphit.

Wählen Sie bitte die zutreffende Aussagenkombination.

A. Nur 1 und 3 sind richtig
B. Nur 2 und 5 sind richtig
C. Nur 1, 3 und 4 sind richtig
D. Nur 2, 4 und 5 sind richtig
E. Alle Aussagen sind richtig

2.34	2.6.3	Fragentyp C

Graphit wird zu den Metallen gerechnet

<u>weil</u>

Graphit den elektrischen Strom etwa wie Blei leitet.

2.35 2.6.4
2.6.5 Fragentyp D

Welche der folgenden Aussagen treffen zu?

1) CO_2 ist linear gebaut.
2) $CO_3^{2\ominus}$ ist eben gebaut.
3) CO ist das Anhydrid der Ameisensäure.
4) CO ist mit N_2 isoster.
5) Die Kohlenstoffatome im Diamant haben sp^3-Hybridorbitale.

Wählen Sie bitte die zutreffende Aussagenkombination.

A. Nur 1 und 3 sind richtig
B. Nur 2 und 4 sind richtig
C. Nur 1, 4 und 5 sind richtig
D. Nur 1, 2, 3 und 5 sind richtig
E. Alle Aussagen sind richtig

2.36 2.6.7 Fragentyp C

Alkane und Silane sind gegenüber Wasser gleich reaktiv,

weil

C und Si in der gleichen Gruppe des PSE stehen.

2.37 2.6.7
2.6.9
2.6.10 Fragentyp D

Welche Aussagen über Silicium und seine Verbindungen treffen zu?

1) Silicium ist mit ca. 27% nach Sauerstoff das häufigste Element in der Erdrinde.
2) Silicium löst sich in heißen Laugen unter Silicatbildung und Wasserstoffentwicklung.
3) Silicone sind Polykondensationsprodukte der Orthokieselsäure oder ihrer Derivate (Silanole, Silandiole, Silantriole).

4) Orthokieselsäure kondensiert bei pH-Werten größer oder kleiner als 3,20.

5) SiO_2 hat eine ähnliche Molekülstruktur wie CO_2.

Wählen Sie bitte die zutreffende Aussagenkombination.

A. Nur 1 und 2 sind richtig
B. Nur 2 und 5 sind richtig
C. Nur 1, 2 und 3 sind richtig
D. Nur 1, 2, 3 und 4 sind richtig
E. Alle Aussagen sind richtig

2.38　　　　　　　　2.6.8　　　　　Fragentyp B

Ordnen Sie bitte jedem Trennverfahren (Liste 1) die entsprechende physikalisch-chemische Grundlage aus Liste 2 zu:

Liste 1

1) Säulenchromatographie
2) Papierchromatographie
3) Flüssigkeitschromatographie

Liste 2

Unterschiede

A. im Siedepunkt
B. im Dampfdruck
C. in der Löslichkeit
D. im Verteilungskoeffizienten
E. in der Adsorptionsfähigkeit

2.39 2.6.9 Fragentyp D

Welche der folgenden Zuordnungen sind richtig?

1) $H_6Si_2O_7$ — Orthodikieselsäure.
2) $(R_2SiO)_n$ — Wasserglas.
3) $(H_2SiO_3)_n$ — Metakieselsäure.
4) $(H_2Si_2O_5)_\infty$ — Kieselsäure mit Bandstruktur.
5) H_4SiO_4 — Orthokieselsäure.

Wählen Sie bitte die zutreffende Aussagenkombination.

A. Nur 1 ist richtig
B. Nur 2 und 3 sind richtig
C. Nur 1 und 4 sind richtig
D. Nur 1, 3 und 5 sind richtig
E. Nur 3, 4 und 5 sind richtig

2.40 2.6.11 Fragentyp A

Welche Aussage trifft <u>nicht</u> zu?

A. Zinn(II)-Verbindungen sind Reduktionsmittel.
B. Zinn löst sich sowohl in Säuren als auch in Basen.
C. Zinn kommt in der Natur als SnO und SnS vor.
D. SnS_2 löst sich in Na_2S-Lösung zu $[SnS_4]^{4\ominus}$.
E. Pb(IV)-Verbindungen können als Oxidationsmittel wirken.

2.41 2.7.2 Fragentyp D

Welche Aussagen über Borwasserstoffe treffen zu?

1) Sie sind Elektronenmangelverbindungen.
2) Sie sind oxidabel.
3) Sie sind Additions- und Substitutionsreaktionen zugänglich.
4) BH_3 ist der einfachste existenzfähige Borwasserstoff.

5) Borwasserstoffe können Anionen (Boranate) bilden.

Wählen Sie bitte die zutreffende Aussagenkombination.

A. Nur 1 und 4 sind richtig
B. Nur 2 und 5 sind richtig
C. Nur 1, 3 und 4 sind richtig
D. Nur 1, 2, 3 und 5 sind richtig
E. Alle Aussagen sind richtig

2.42   2.7.3   Fragentyp B

Ordnen Sie bitte den in Liste 1 aufgeführten Substanzen die richtige Formel aus Liste 2 zu:

Liste 1

1) Orthoborat-Ion
2) Metaborat-Ion

Liste 2

A. $H_2BO_3^{\ominus}$
B. $BO_3^{3\ominus}$
C. $B_4O_7^{2\ominus}$
D. $BH_4^{\ominus}$
E. $[BO_2^{\ominus}]_3$

2.43 2.7.3 Fragentyp D

Welche Aussagen über Bor und seine Verbindungen treffen zu?

1) BF_3 ist eine starke Lewis-Säure.
2) B_2O_3 ist das Anhydrid der Borsäure.
3) Die Borsäure ist eine dreibasige Säure.
4) Perborate sind Additionsprodukte von H_2O_2 an Borate.
5) Es gibt keine B^{3+}-Ionen.

Wählen Sie bitte die zutreffende Aussagenkombination.

A. Nur 1 ist richtig
B. Nur 2 und 3 sind richtig
C. Nur 1, 4 und 5 sind richtig
D. Nur 2, 3 und 5 sind richtig
E. Nur 1, 2, 4 und 5 sind richtig

2.44 2.7.4 2.7.5 Fragentyp A

Welche Aussage trifft nicht zu?

A. Alaune sind kristallisierte Verbindungen der Zusammensetzung $M(III)M(III)(SO_4)_2 \cdot 12\ H_2O$.
B. Doppelsalze zeigen im wäßriger Lösung die Eigenschaften ihrer Komponenten.
C. Aluminiumtrialkyle entstehen z.B. nach der Gleichung $AlCl_3 + 3\ RMgCl \longrightarrow AlR_3$.
D. $AlCl_3$ ist eine Lewis-Säure.
E. Aluminium läßt sich durch kathodische Reduktion aus einem Gemisch von Al_2O_3 und Na_3AlF_6 darstellen.

2.45 2.7.4 2.7.5 Fragentyp A

Welche Aussage über Aluminium oder seine Verbindungen trifft nicht zu?

A. Aluminiumverbindungen haben ionischen und kovalenten Bindungscharakter.

B. Aluminium kann in seinen Verbindungen die Koordinationszahl 4 und 6 annehmen.
C. $Al(OH)_3$ ist ein amphoteres Hydroxid.
D. Aluminiumhalogenide sind Elektronenmangelverbindungen.
E. Aluminium löst sich in nichtoxidierenden Säuren unter H_2-Entwicklung.

2.46	2.7.5	Fragentyp C

Aluminiumhydroxid ($Al(OH)_3$) wird als eine amphotere Substanz bezeichnet,

weil

$Al(OH)_3$ sowohl als Säure als auch als Base fungieren kann.

2.47	2.81	Fragentyp D

Welche Aussagen über die Erdalkalielemente sind richtig? Innerhalb der Gruppe nimmt von Beryllium zu Radium

1) die Hydrationsenthalpie zu
2) die Basenstärke zu
3) die Löslichkeit der Hydroxide zu
4) die Löslichkeit der Sulfate ab
5) die Löslichkeit der Carbonate ab

Wählen Sie bitte die zutreffende Aussagenkombination.

A. Nur 1, 2 und 3 sind richtig
B. Nur 2 und 3 sind richtig
C. Nur 1 und 5 sind richtig
D. Nur 2, 3, 4 und 5 sind richtig
E. Alle Aussagen sind richtig

2.48 2.8.1
2.9.1   Fragentyp A

Welche Zuordnung trifft nicht zu?

A. Calciumfluorid   − CaF
B. Lithiumfluorid   − LiF
C. Bariumiodid   − BaI_2
D. Magnesiumbromid   − $MgBr_2$
E. Kaliumiodid   − KI

2.49 2.8.1
2.9.1   Fragentyp D

Welche der nachfolgenden Zuordnungen sind Beispiele
für die Schrägbeziehung im Periodensystem der Elemente?

1) Li − Mg   4) Be − Al
2) Na − Be   5) Al − Ge
3) B − Si

Wählen Sie bitte die zutreffende Aussagenkombination.

A. Nur 2 ist richtig
B. Nur 1 und 3 sind richtig
C. Nur 3 und 5 sind richtig
D. Nur 1, 3 und 4 sind richtig
E. Nur 2, 4 und 5 sind richtig

2.50   2.9.1   Fragentyp C

Die Hydrationsenthalpie ist beim $Li^{\oplus}$-Ion im Vergleich
zu den anderen Alkalimetallionen am größten,

weil

der Radius des hydratisierten $Li^{\oplus}$-Ions im Vergleich
zu anderen Alkalimetallionen am größten ist.

2.51	2.9.1	Fragentyp A

Welche Aussage trifft <u>nicht</u> zu?
Alkalimetalle

A. haben geringe Elektronegativitäten
B. haben kleine Ionisierungspotentiale
C. bilden 1- und 2-wertige Kationen
D. sind Reduktionsmittel
E. bilden mit Halogenen Salze

2.52	2.9.1 2.9.4	Fragentyp D

Welche Aussagen über Alkalimetalle treffen zu?

1) Sie sind sehr reaktionsfreudig.
2) Sie bilden an der Luft Hydroxide.
3) Sie verbrennen an der Luft direkt zu den Peroxiden M_2O_2.
4) Sie haben ein niedriges Ionisierungspotential.
5) Sie bilden in Verbindungen oft positiv zweiwertige Ionen.

Wählen Sie bitte die zutreffende Aussagenkombination.

A. Nur 1 und 3 sind richtig
B. Nur 2 und 5 sind richtig
C. Nur 1, 2 und 4 sind richtig
D. Nur 1, 2, 3 und 5 sind richtig
E. Alle Aussagen sind richtig

2.53   2.10.1   Fragentyp D

Welche der folgenden Aussagen treffen zu?

1) Bei den Übergangselementen werden innere Schalen aufgefüllt.
2) Übergangselemente erreichen die höchsten Oxidationszahlen nur gegenüber stark elektronegativen Elementen.
3) Bei d-Orbitalen haben gegenüberliegende Orbitallappen immer verschiedenes Vorzeichen.
4) Titan ist das erste Übergangselement.
5) Halbbesetzte Niveaus zeichnen sich durch besondere Stabilität aus.

Wählen Sie bitte die zutreffende Aussagenkombination.

A. Nur 1 und 4 sind richtig
B. Nur 3, 5 und 6 sind richtig
C. Nur 1, 2 und 5 sind richtig
D. Nur 1, 3 und 4 sind richtig
E. Nur 1, 2, 3 und 5 sind richtig

2.54   2.10.1   Fragentyp D

Welche der folgenden Aussagen treffen zu?

1) Alle Übergangselemente sind Metalle.
2) Übergangselemente kommen häufig in verschiedenen Oxidationsstufen vor.
3) Übergangsmetalle bilden häufig stabile Komplexe.
4) Alle Übergangselemente haben ungepaarte Elektronen.
5) Innerhalb einer Nebengruppe nimmt die Stabilität der höchsten Oxidationsstufe von oben nach unten zu.

Wählen Sie bitte die zutreffende Aussagenkombination.

A. Nur 1 ist richtig
B. Nur 2 und 3 sind richtig
C. Nur 1, 3 und 4 sind richtig
D. Nur 1, 2, 3 und 5 sind richtig
E. Alle Aussagen sind richtig

3 Organische Chemie

3.01 3.1.1 Fragentyp C

Kohlenstoff kann σ-und π-Bindungen ausbilden,

<u>weil</u>

die Elektronenkonfiguration von C $1s^2 2sp^3$ ist.

3.02 3.1.2 Fragentyp A

Die Bindungswinkel am gesättigten C-Atom betragen etwa

A. 101°
B. 104°
C. 109°
D. 111°
E. 115°

	3.1.2	
	3.1.4	
3.03	3.1.7	Fragentyp B

Ordnen Sie bitte den Begriffen in Liste 1 jeweils das entsprechende Orbitalmodell aus Liste 2 zu.

Liste 1

1) sp^3-Hybrid
2) sp^2-Hybrid

Liste 2

A.
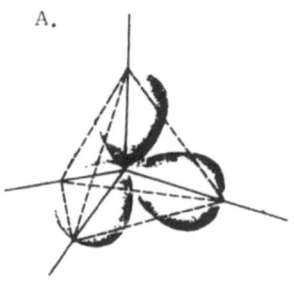

B.

C.
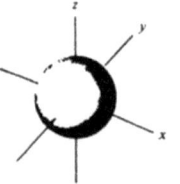

D.
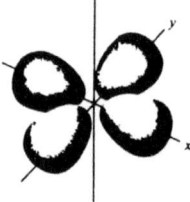

E.
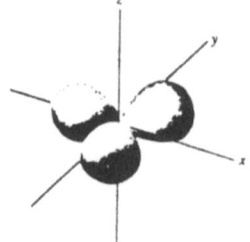

| 3.04 | 3.1.2 3.1.5 | Fragentyp B |

Ordnen Sie bitte den in Liste 1 aufgeführten C-Atomen der nachstehenden Verbindung die richtige Angabe aus Liste 2 zu.

$$\underset{H}{\overset{H}{\underset{|}{H-C_1^{-}}}}\underset{H}{\overset{H}{\underset{|}{C_2^{-}}}}-\underset{\underset{5\ \ 6}{CH=CH_2}}{\boxed{3}}-\underset{\overset{\parallel}{O}}{\overset{4}{C}}\diagdown H$$

Liste 1

1) C-Atom 3
2) C-Atom 6

Liste 2

A. Besitzt sp-Hybridorbitale
B. Besitzt sp^2-Hybridorbitale
C. Besitzt sp^3-Hybridorbitale
D. Ist Teil einer Aldehydfunktion
E. Besitzt ein freies Elektronenpaar

| 3.05 | 3.1.3 3.1.4 | Fragentyp A |

Welche Aussage über die chemische Bindung trifft zu?

A. Bei der σ-Bindung ist die freie Rotation eingeschränkt.
B. Manche Verbindungen enthalten keine σ-Bindungen, sondern lediglich mehrere aufeinanderfolgende π-Bindungen.
C. Bei der π-Bindung handelt es sich um eine rotationssymmetrische Atombindung.
D. π-Bindungen sind nur zwischen C-Atomen möglich.
E. Es ist experimentell nicht möglich, bei einer Mehrfachbindung σ- und π-Elektronen zu unterscheiden.

3.06	3.1.4 3.13.5	Fragentyp A

Welche Aussage über die Carbonylverbindung $\begin{array}{c}R'\\R\end{array}\!\!>\!\!C=\overline{\underline{O}}$ trifft **nicht** zu?

A. Das Kohlenstoffatom ist sp^2-hybridisiert.
B. R, R' und das C-Atom bilden einen Winkel von etwa 120 °.
C. Die Bindung zwischen Kohlenstoff und Sauerstoff besteht aus einer σ- und einer π-Bindung.
D. In der Carbonylgruppe ist der Sauerstoff positiv polarisiert.
E. An die Carbonylgruppe können leicht Nucleophile addiert werden.

3.07	3.1.4 3.1.5	Fragentyp A

Cyclohexen

A. enthält nur σ-Bindungen
B. enthält nur eine π-Bindung
C. besitzt nur rotationssymmetrische Bindungen
D. besteht nur aus sp^2-hybridisierten C-Atomen
E. hat ein dem Benzol analoges π-Elektronensystem

3.08	3.1.6	Fragentyp D

Welche Verbindungen können cis-trans-Isomere bilden?

1) [Cyclohexadien mit zwei COOH-Gruppen]

2) $H_2C=C(H)-C(H)=CH_2$ (Struktur abgebildet)

3) $C_6H_5-CH=N-OH$
4) $C_6H_5-N=N-C_6H_5$
5) $C_6H_5-CH=CH-C_6H_5$

Wählen Sie bitte die zutreffende Aussagenkombination.

A. Nur 1 ist richtig
B. Nur 2 und 5 sind richtig
C. Nur 2, 3 und 4 sind richtig
D. Nur 1, 3, 4 und 5 sind richtig
E. Alle Aussagen sind richtig

3.09 3.1.8 3.1.9 Fragentyp A

Welche Aussage zum Benzolmolekül trifft nicht zu?

A. Es enthält ein (4n + 2)π-Elektronensystem.
B. Alle C-Atome liegen in einer Ebene.
C. Die π-Elektronen sind über den Ring delokalisiert.
D. Die H-Atome stehen senkrecht oberhalb und unterhalb der Ringebene.
E. Alle C-Atome sind sp^2-hybridisiert und ihre Bindungsabstände sind gleich lang.

3.10 3.1.9 Fragentyp D

Welche der angegebenen Formeln für das Benzolmolekül werden als "Kekulé-formeln" bezeichnet.

Wählen Sie bitte die zutreffende Aussagenkombination.

A. Nur 3 ist richtig
B. Nur 1 und 5 sind richtig
C. Nur 2 und 4 sind richtig
D. Nur 1, 3 und 5 sind richtig
E. Nur 2, 3 und 4 sind richtig

3.11   3.1.11   Fragentyp B

Ordnen Sie bitte den Bezeichnungen in Liste 1 die entsprechenden Beispiele aus Liste 2 zu.

Liste 1

1) Anion
2) Nucleophil

Liste 2

A. H^+
B. OH^-
C. $Cl\cdot$
D. $(CH_3)_2\overset{\oplus}{N}H_2$
E. NH_4^+

3.12   3.1.11   Fragentyp D

Welche der angegebenen Verbindungen ist (sind) als Radikal(e) zu bezeichnen?

1) NO_2
2) O_2
3) $CH_3-\underset{CH_3}{\overset{CH_3}{\overset{|}{\underset{|}{C}}}}{}^{\oplus}$
4) $CH_3-CH_2-\bar{\underline{O}}|^{\ominus}$
5) N_2

Wählen Sie bitte die zutreffende Aussagenkombination.

A. Nur 2 ist richtig
B. Nur 1 und 2 sind richtig
C. Nur 2 und 5 sind richtig
D. Nur 1, 3 und 5 sind richtig
E. Nur 3, 4 und 5 sind richtig

3.13   3.1.11   Fragentyp B

Ordnen Sie bitte den in Liste 1 angegebenen Begriffen die passende Verbindung aus Liste 2 zu.

Liste 1

1) Carbanion
2) Carboniumion

Liste 2

A. 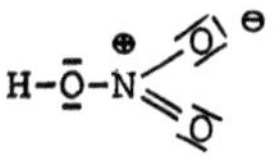 H-Ō-N⊕(=O)(Ō⁻)

B. CH$_3$-C⊕(CH$_3$)-CH$_3$

C. |C̈H$_2$-C(=O)-CH$_3$

D. CH$_3$-N⊕(CH$_3$)(CH$_3$)-CH$_3$

E. 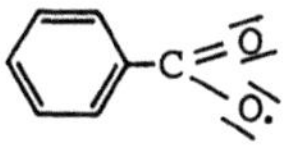 C$_6$H$_5$-C(=Ō)-Ō⁻

3.14 3.1.11 Fragentyp D

Welche der angegebenen Verbindungen ist (sind) als elektrophil zu bezeichnen?

1) H-Ō̄|⁻

2) CH$_3$-C⊕(CH$_3$)-CH$_3$

3) CH$_3$-C̈|⁻(CH$_3$)-CH$_3$

4) |C̈H$_2$-C(=O)H

5) |C̄l·

Wählen Sie bitte die zutreffende Aussagenkombination.

A. Nur 2 ist richtig
B. Nur 2 und 5 sind richtig
C. Nur 3 und 4 sind richtig
D. Nur 1, 2 und 5 sind richtig
E. Nur 1, 3 und 5 sind richtig

3.15		3.1.15		Fragentyp D

Welche Substituenten haben auf ein benachbartes C-Atom im allgemeinen einen positiven induktiven Effekt?

1) $-Cl$

2) $-C\underset{H}{\overset{\nearrow O}{}}$

3) $-\overset{\oplus}{N}\underset{\underline{\bar{O}}|^{\ominus}}{\overset{\nearrow O}{}}$

4) $-CH_2-CH_3$

5) $-C\underset{OH}{\overset{\nearrow O}{}}$

Wählen Sie bitte die zutreffende Aussagenkombination.

A. Nur 1 ist richtig
B. Nur 4 ist richtig
C. Nur 2 und 3 sind richtig
D. Nur 2 und 5 sind richtig
E. Nur 3, 4 und 5 sind richtig

3.16		3.2.1		Fragentyp A

Unter der Konstitution einer Verbindung versteht man die Angabe

A. der Art und Reihenfolge der in einem Molekül vorhandenen Bindungen ohne Berücksichtigung räumlicher Richtungen
B. der relativen räumlichen Anordnung der Atome in einem Stereoisomeren
C. der genauen Anordnung von Atomen eines Moleküls mit Hilfe von Bindungslängen und Winkeln
D. der genauen Reihenfolge von Aminosäuren in einem Peptid
E. des Massenanteils Kohlenstoff auf Grund einer Verbrennungsanalyse

3.17		3.2.1		Fragentyp A

Die Strukturformeln I-III sollen drei Begriffe aus der Stereochemie veranschaulichen. Welche Zuordnung trifft zu

A. I = Konstitution, II = Konfiguration, III = Konformation
B. I = Konformation, II = Konstitution, III = Konfiguration
C. I = Konfiguration, II = Konformation, III = Konstitution
D. I = Konstitution, II = Konformation, III = Konfiguration
E. I = Konformation, II = Konfiguration, III = Konstitution

3.18   3.2.1   Fragentyp A

Unter Konformation versteht man die

A. Aufeinanderfolge der Atome eines Moleküls
B. genaue räumliche, durch Bindungslängen und Winkel beschriebene Anordnung der Atome eines Moleküls
C. Anzahl von C-Atomen mit sp^3-Hybridisierung
D. Zuordnung zur D- oder L-Reihe
E. die Anzahl der chiralen Zentren eines Moleküls

3.19   3.2.2   Fragentyp D

cis-trans-Isomerie tritt auf bei:

1) $CH_3-CH=CH-CH_3$

2) 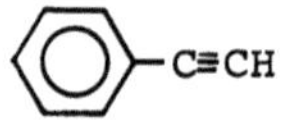 Ph$-C\equiv CH$

3) CH_3-Ph$-CH_3$

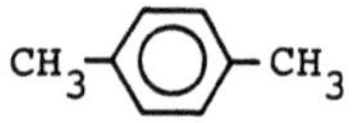

4) $CH_2=CH-CH=CH-CH=CH_2$

Wählen Sie bitte die zutreffende Aussagenkombination.

A. Nur 1 ist richtig
B. Nur 2 ist richtig
C. Nur 1 und 4 sind richtig
D. Nur 2 und 3 sind richtig
E. Nur 2 und 4 sind richtig

3.20   3.2.2 / 3.13.19   Fragentyp B

Ordnen Sie bitte den in Liste 1 genannten Begriffen die passenden Beispiele aus Liste 2 zu.

Liste 1

1) Keto-Enol-Tautomerie
2) cis-trans-Isomerie

Liste 2

A. 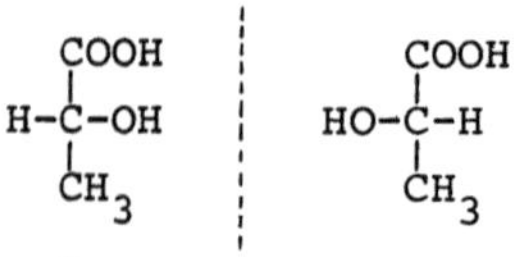
```
   COOH           COOH
   |              |
 H-C-OH        HO-C-H
   |              |
   CH_3           CH_3
```

B. 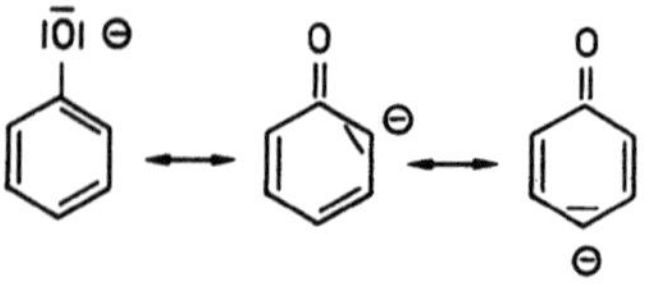 Phenolat-Anion ⇌ mesomere Grenzstrukturen (Cyclohexadienon-Anionen)

C. 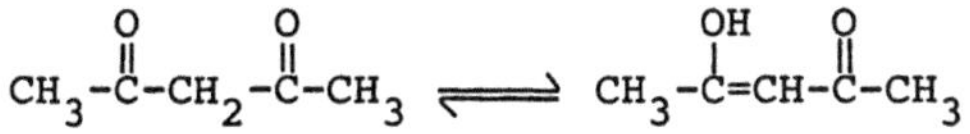 $CH_3-\overset{O}{\underset{\|}{C}}-CH_2-\overset{O}{\underset{\|}{C}}-CH_3 \rightleftharpoons CH_3-\overset{OH}{\underset{|}{C}}=CH-\overset{O}{\underset{\|}{C}}-CH_3$

D. $\underset{H}{\overset{CH_3}{>}}C=C\underset{H}{\overset{CH_3}{<}} \qquad \underset{CH_3}{\overset{H}{>}}C=C\underset{H}{\overset{CH_3}{<}}$

E. 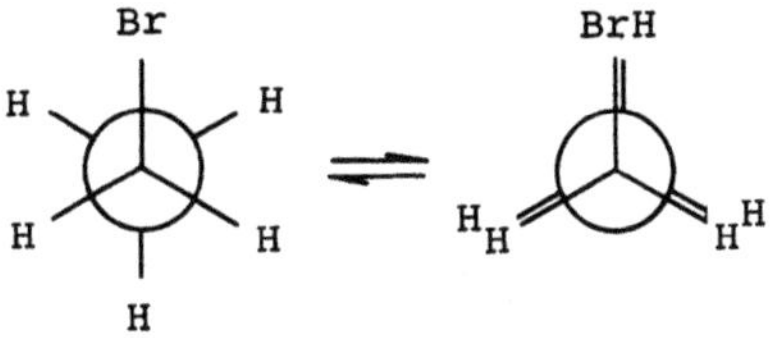 (Newman projections with Br and H substituents)

3.21 3.2.3 Fragentyp A

Wieviele Chiralitätszentren muß eine optisch aktive Verbindung mindestens besitzen, damit Diastereomere auftreten können?

A. 1 D. 4
B. 2 E. 5
C. 3

3.22   3.2.3   Fragentyp B

Ordnen Sie bitte den Verbindungen in Liste 1 das entsprechende Enantiomere aus Liste 2 zu.

Liste 1

1)
```
    COOH
 H-C-OH
 H-C-OH
HO-C-H
    CH₃
```

2)
```
    COOH
 H-C-OH
HO-C-H
 H-C-OH
    CH₃
```

Liste 2

A.
```
    COOH
 H-C-OH
 H-C-OH
 H-C-OH
    CH₃
```

B.
```
    COOH
 H-C-OH
HO-C-H
HO-C-H
    CH₃
```

C.
```
    COOH
HO-C-H
 H-C-OH
 H-C-OH
    CH₃
```

D.
```
    COOH
HO-C-H
HO-C-H
 H-C-OH
    CH₃
```

E.
```
    COOH
HO-C-H
 H-C-OH
HO-C-H
    CH₃
```

3.23 3.2.3 Fragentyp B

Ordnen Sie bitte den Verbindungen in Liste 1 das entsprechende Diastereomere aus Liste 2 zu.

Liste 1

1)   COOH
       |
    H-C-OH
       |
    H-C-OH
       |
       COOH

2)   CHO
       |
    H-C-OH
       |
    H-C-OH
       |
       CH$_2$OH

Liste 2

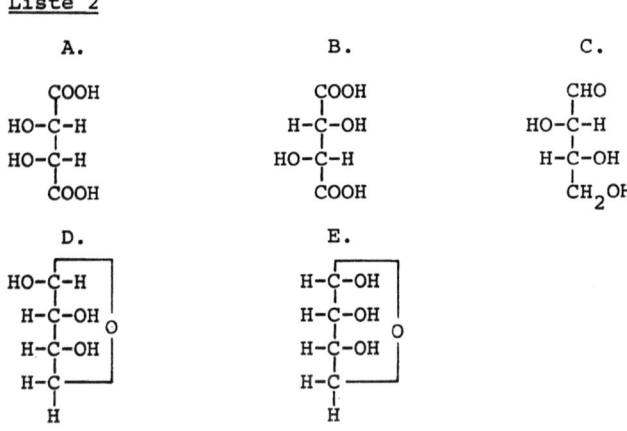

3.24 3.2.3 Fragentyp A

Welche Aussage trifft <u>nicht</u> zu?
Diastereomere unterscheiden sich

A. im Schmelzpunkt

B. im Siedepunkt

C. in der Löslichkeit

D. in der Summenformel

E. in ihrer Fischerprojektion

3.25 3.2.3 Fragentyp C

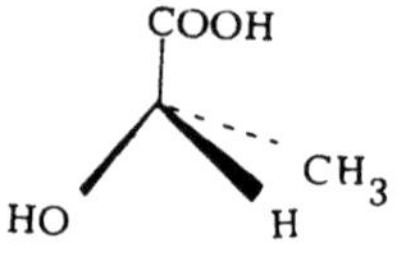

```
    COOH              COOH
     |                 |
  HO/ \CH₃          H/ \CH₃
    H                  OH
     I                 II
```

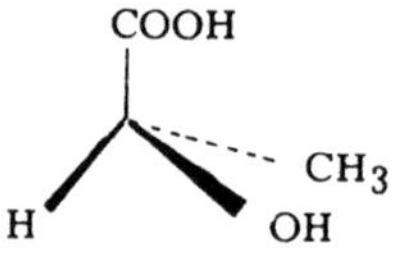

Die beiden Strukturformeln I und II stellen Enantiomere dar,

weil

I und II ein asymmetrisches C-Atom besitzen.

3.26 3.2.3 Fragentyp A

Zwei Enantiomere unterscheiden sich

A. im Siedepunkt
B. im Schmelzpunkt
C. in der Löslichkeit
D. in der Drehung des linear polarisierten Lichts
E. in der Molmasse

3.27 3.2.3 Fragentyp C

Von α-Alanin gibt es nur ein Enantiomeres, jedoch keine Diastereomere,

weil

α-Alanin nur ein Chiralitätszentrum im Molekül enthält.

3.28   3.2.3   Fragentyp D

Welche der folgenden Verbindungen sind Diastereomere?

```
    H   O              H   O              H   O
     \ //               \ //               \ //
      C                  C                  C
      |                  |                  |
   H-C-OH             H-C-OH             HO-C-H
      |                  |                  |
   HO-C-H             H-C-OH             H-C-OH
      |                  |                  |
   H-C-OH             H-C-OH             H-C-OH
      |                  |                  |
     CH₃                CH₃                CH₃
     1)                 2)                 3)
```

Wählen Sie bitte die zutreffende Aussagenkombination.

A. Keine der angegebenen Verbindungen sind Diastereomere.
B. Nur 1 und 2 sind richtig
C. Nur 1 und 3 sind richtig
D. Nur 2 und 3 sind richtig
E. Alle Verbindungen sind Diastereomere

3.29   3.2.3   Fragentyp D

Enantiomere

1) sind cis-trans-Isomere
2) haben verschiedene chemische Eigenschaften
3) verhalten sich wie Bild und Spiegelbild
4) drehen die Ebene des polarisierten Lichts um gleiche, aber entgegengesetzte Beträge
5) unterscheiden sich in Schmelz- und Siedepunkten

Wählen Sie bitte die zutreffende Aussagenkombination.

A. Nur 1 und 2 sind richtig
B. Nur 3 und 4 sind richtig
C. Nur 2, 3 und 5 sind richtig
D. Nur 3, 4 unf 5 sind richtig
E. Alle Aussagen sind richtig

3.30 3.2.3 Fragentyp B

Ordnen Sie bitte den in Liste 1 angegebenen Begriffen die richtige Definition aus Liste 2 zu.

Liste 1

1) Diastereomere   2) Enantiomere

Liste 2

A. Verbindungen, die sich durch die räumliche, durch Bindungswinkel und Abstände beschriebene Anordnung der Atome eines Moleküls unterscheiden.
B. Verbindungen, die sich wie Bild und Spiegelbild verhalten.
C. Verbindungen gleicher Summenformel aber verschiedener Struktur.
D. Verbindungen mit gleicher Konstitution und gleicher Anzahl Asymmetriezentren, die aber unterschiedlich konfiguriert sind.
E. Verbindungen, die nur der R-Konfiguration angehören dürfen.

3.31 3.2.3 Fragentyp A

Enantiomere sind Verbindungen, die

A. sich wie Bild und Spiegelbild verhalten
B. als cis-trans-Isomere vorliegen
C. mehrere asymmetrische Kohlenstoffatome besitzen müssen
D. nur D-Konfiguration besitzen dürfen
E. sich in ihrer Konstitution unterscheiden müssen

3.32 3.2.5 Fragentyp A

Welche der angegebenen Verbindungen ist nicht optisch aktiv?

A. Glycin
B. Cystin
C. Milchsäure
D. Glycerinsäure
E. Histidin

3.33   3.2.5
       3.2.6   Fragentyp A

Wieviele Chiralitätszentren besitzt die folgende
Verbindung?

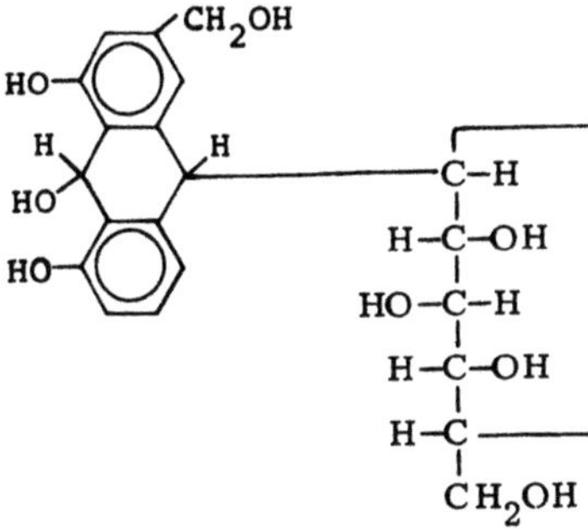

A. 4
B. 5
C. 6
D. 7
E. 8

3.34   3.2.5
        3.3.20   Fragentyp B

Ordnen Sie bitte den in Liste 1 genannten Begriffen die entsprechenden Beispiele aus Liste 2 zu.

Liste 1

1) Chiralität
2) Mesomerie

Liste 2

A.
$$\begin{array}{c} COOH \\ H-C-OH \\ CH_3 \end{array} \quad \begin{array}{c} COOH \\ HO-C-H \\ CH_3 \end{array}$$

B.

C. $CH_3-\overset{O}{\underset{\|}{C}}-CH_2-\overset{O}{\underset{\|}{C}}-CH_3 \rightleftharpoons CH_3-\overset{OH}{\underset{|}{C}}=CH-\overset{O}{\underset{\|}{C}}-CH_3$

D.
$$\begin{array}{c} CH_3 \\ \diagdown \\ C=C \\ \diagup \diagdown \\ H H \end{array} \quad \begin{array}{c} H CH_3 \\ \diagdown \diagup \\ C=C \\ \diagup \diagdown \\ CH_3 H \end{array}$$

E.

3.35 3.2.6 Fragentyp A

Wieviele optische Isomere (Enantiomere) sind bei den Verbindungen I-III zu erwarten?

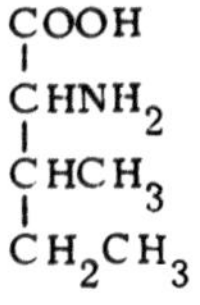

COOH
|
CHNH$_2$
|
CHCH$_3$
|
CH$_2$CH$_3$

I

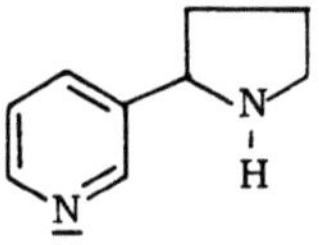

II (3-(pyrrolidin-2-yl)pyridin)

III (HOCH$_2$—furanose ring with OH and HO substituents)

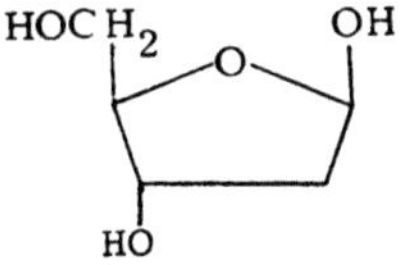

A. I = 2   II = 2   III = 6
B. I = 4   II = 2   III = 4
C. I = 2   II = 1   III = 3
D. I = 4   II = 4   III = 4
E. I = 4   II = 2   III = 8

3.36   3.2.7   Fragentyp A

Ordnen Sie bitte die Atome H, C, O und F nach fallender Priorität im Cahn-Ingold-Prelog-System.

A. F > O > C > H
B. H > C > O > F
C. O > F > C > H
D. F > O > H > C
E. C > H > O > F

3.37   3.2.7   Fragentyp D

Welche der Stereomodelle zeigen R-Konfiguration?

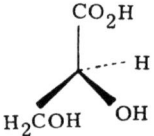

1)   2)   3)

4)

Wählen Sie bitte die zutreffende Aussagenkombination.

A. Nur 2 ist richtig
B. Nur 3 ist richtig
C. Nur 4 ist richtig
D. Nur 1 und 3 sind richtig
E. Nur 2, 3 und 4 sind richtig

3.38   3.2.8   Fragentyp A

Welche der angegebenen Verbindungen kann in einer meso-Form auftreten?

A. CO_2H
    $CHOH$
    $CHOH$
    CH_2OH

B. CO_2H
    $CHOH$
    $CHOH$
    CO_2H

C. CO_2H
    $CHOH$
    CH_2
    CO_2H

D. CO_2H
    CH_2
    $CHOH$
    CH_3

E. CO_2H
    CH_2
    CH_2
    CO_2H

3.39   3.2.9   Fragentyp D

Welche der angegebenen Verbindungen ist chiral?

1) HOOC–CHOH–CH$_3$

2) 4-Methylcyclohexyliden-essigsäure (H$_3$C, H am Ring; =CH–COOH)

3) Methyl-phenyl-sulfoxid (CH$_3$–S(=O)–C$_6$H$_5$)

4) HOOC–[Spiro]–COOH

5) C_6H_5–CH=C=C=CH–C_6H_5

Wählen Sie bitte die zutreffende Aussagenkombination.

A. Nur 1 und 4 sind richtig
B. Nur 1, 2 und 3 sind richtig
C. Nur 3, 4 und 5 sind richtig
D. Nur 1, 2, 3 und 4 sind richtig
E. Alle sind richtig

3.40 3.2.9 Fragentyp D

Welche der angegebenen Verbindungen sind chiral?

1) HOOC—[bicyclobutyl]—COOH

2) H_3C—[cyclohexyl]=C(COOH)(H)

3) $CH_3HC=C=CHCOOH$

4) $CH_3HC=C=C=CHCOOH$

5) I—[phenyl]—[phenyl]—I

Wählen Sie bitte die zutreffende Aussagenkombination.

A. Nur 3 und 5 sind richtig
B. Nur 1, 2 und 3 sind richtig
C. Nur 2, 4 und 5 sind richtig
D. Nur 2, 3 und 4 sind richtig
E. Alle sind richtig

3.41 3.2.10 Fragentyp A

Das "D" bei der Bezeichnung D-Ribose bedeutet, daß

A. das C-Atom 4 der Ribose die gleiche Konfiguration wie das C-Atom 2 des D-Glycerinaldehyds besitzt
B. die Polarisationsebene des linear polarisierten Lichts immer nach rechts gedreht wird
C. das C-Atom 1 bei der Halbacetalbildung ein Asymmetriezentrum mit D-Konfiguration bildet
D. das C-Atom 5 in der R-Konfiguration vorliegt
E. zwei aufeinanderfolgende C-Atome gleiche Konfiguration haben

3.42   3.2.11   Fragentyp B

Wählen Sie bitte aus Liste 2 die den Begriffen in Liste 1 entsprechenden Reaktionen aus.

Liste 1

1) Cis-Addition
2) Trans-Addition

Liste 2

A.  Cyclohexen + OsO_4 → cis-1,2-Cyclohexandiol

B.  Cyclohexen + Cl_2 → trans-1,2-Dichlorcyclohexan

C.  Cyclohexanon + $CH_3C(O)H$ → Cyclohexyliden-acetaldehyd + H_2O

D.  Phenol + CH_3COCl → Phenylacetat + HCl

E. 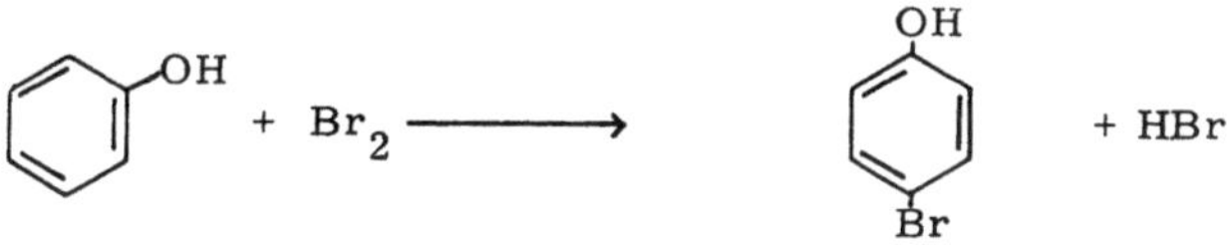 Phenol + Br_2 → p-Bromphenol + HBr

3.43 3.2.11
3.3.15   Fragentyp D

Bei welchen der angegebenen Reaktionen werden nur "cis"-Additionsprodukte gebildet.

1) cyclohexen + OsO_4

2) cyclohexen + Br_2

3) cyclohexen + HCl

4) cyclohexen + H_2

5) cyclohexen + $KMnO_4$

Wählen Sie bitte die zutreffende Aussagenkombination.

A. Nur 1 ist richtig
B. Nur 2 und 3 sind richtig
C. Nur 4 und 5 sind richtig
D. Nur 2, 3 und 4 sind richtig
E. Nur 1, 4 und 5 sind richtig

3.44 3.2.12   Fragentyp A

Unter der Walden-Umkehr versteht man

A. Substitutionsreaktionen, die am asymmetrischen Kohlenstoffatom unter Konfigurationsumkehr verlaufen
B. Substitutionsreaktionen, die am asymmetrischen C-Atom unter Retention der Konfiguration verlaufen
C. Reaktionen, bei denen ausschließlich Eliminierungen stattfinden
D. Additionsreaktionen, die zu cis-Addukten führen
E. radikalische Substitutionsreaktionen, die unter Konfigurationsumkehr verlaufen

3.45 3.3.1 Fragentyp A

Welche Zuordnung Name – Strukturelement trifft **nicht** zu?

A. Ethyl — CH_3-CH_2-

B. Butyl — $CH_3-(CH_2)_2-CH_2-$

C. Pentyl — $CH_3-(CH_2)_4-CH_2-$

D. Hexyl — $CH_3-(CH_2)_4-CH_2-$

E. i-Propyl — $CH_3-\underset{|}{CH}-CH_3$

3.46 3.3.1 Fragentyp D

Welche der angegebenen Moleküle sind zueinander Strukturisomere?

1) $CH_2=C=CH-CH_2-CH_3$

2) $CH_3-CH=CH-CH=CH_2$

3) 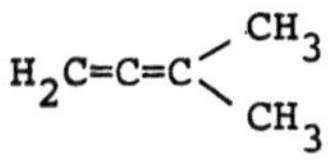 $H_2C=C=C\begin{smallmatrix}\diagup CH_3 \\ \diagdown CH_3\end{smallmatrix}$

4) 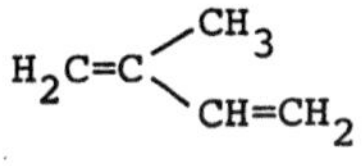 $H_2C=C\begin{smallmatrix}\diagup CH_3 \\ \diagdown CH=CH_2\end{smallmatrix}$

5) $CH_2=CH-CH_2-CH=CH_2$

Wählen Sie bitte die zutreffende Aussagenkombination.

A. Nur 1 und 2 sind richtig

B. Nur 1 und 3 sind richtig

C. Nur 1, 3 und 5 sind richtig

D. Nur 2, 4 und 5 sind richtig

E. Alle sind richtig

3.47 3.3.1 Fragentyp A

Welche Aussage trifft zu?
Unter dem Begriff "homologe Reihe" versteht man

A. eine Gruppe von Verbindungen, die sich um einen bestimmten, gleichbleibenden Baustein unterscheiden

B. höhermolekulare Verbindungen, die durch Addition identischer, niedermolekularer Bausteine entstanden sind

C. die Art der glykosidischen Bindung in einem Polysaccharid

D. die Zahl der Peptidbindungen in einem Eiweißmolekül

E. die genaue Aminosäuresequenz in einem Peptid

3.48 3.3.1 Fragentyp A

Unter Strukturisomeren versteht man solche Moleküle,

A. deren Grundzustand sich nur durch zwei oder mehrere mesomere Grenzformeln beschreiben läßt

B. die gleiche Summenformel, aber verschiedene Strukturformeln haben

C. die sich wie Bild und Spiegelbild verhalten

D. die durch Drehung um eine oder mehrere Einfachbindungen verschiedene Konformationen einnehmen können

E. die sich nur in der Anzahl und Stellung von Doppelbindungen unterscheiden

| 3.49 | 3.3.1 3.3.12 | Fragentyp B |

Welche der folgenden paarweise geordneten Formeln stellt **kein** Isomeren-Paar dar?

A. (zwei Benzolringe)

B. H₂C=CH−CH=CH−CH₃ und H₂C=CH−CH=CH−CH₃ (jeweils als Strukturformeln dargestellt)

C. CH_3-CH_2-OH CH_3-O-CH_3

D. (Pyrimidin und Pyrazin Strukturen)

E.
$$\begin{array}{c} HO \\ H_3C \end{array} C=C \begin{array}{c} H \\ COCH_3 \end{array} \quad \begin{array}{c} H_3C \\ HO \end{array} C=C \begin{array}{c} H \\ COCH_3 \end{array}$$

| 3.50 | 3.3.2 | Fragentyp A |

Welche der angegebenen Verbindungen enthält ein quartäres C-Atom?

A. $CH_3-\underset{\underset{H}{|}}{\overset{\overset{CH_3}{|}}{C}}-OH$

B. $CH_2OH-CHOH-CH_3$

C. $CH_3-\underset{\underset{CH_3}{\underset{|}{CH_2}}}{\overset{\overset{CH_3}{|}}{C}}-CH_2-CH_2-CH_3$

D. $Cl-\underset{\underset{Cl}{|}}{\overset{\overset{Cl}{|}}{C}}-H$

E. CH_3-CH_2-CHO

3.51 3.3.5 / 3.5.3 Fragentyp B

Ordnen Sie bitte den in Liste 1 angegebenen Begriffen die richtige Reaktion aus Liste 2 zu.

Liste 1

1) Zerewitinow-Reaktion
2) Wurzsche Synthese

Liste 2

A. $CH_3MgI + H-O-C_2H_5 \longrightarrow CH_4 + Mg(OC_2H_5)I$

B. $2\ CH_3I \xrightarrow{Na} CH_3-CH_3$

C. $CH_3I + Mg \longrightarrow CH_3MgI$

D. C$_6$H$_5$O$^\ominus$Na$^\oplus$ $\xrightarrow{CO_2}$ C$_6$H$_4$(O$^\ominus$)(COO$^\ominus$Na$^\oplus$)

E. $CH_3I + KCN \longrightarrow CH_3-CN + KI$

3.52 3.3.6 Fragentyp A

Welche Aussage trifft nicht zu?
Die Verbindung $CH_3-CH_2-CH_2-CH_3$

A. kann mit Cl_2 zu $CH_3-CH_2-CH_2-CH_2-Cl$ reagieren
B. wird bei Sauerstoffüberschuß vollständig zu CO_2 oxidiert
C. ist schwerer flüchtig als der entsprechende Alkohol
D. kann durch Oxidation zur Säure oxidiert werden
E. verbrennt bei ungenügender Sauerstoffzufuhr zu CO

3.53 3.3.6 Fragentyp A

Unter einer Radikalkette versteht man eine Reaktion,

A. die durch Radikale initiiert wird und durch Bildung neuer Radikale während des Reaktionsablaufs unterhalten wird

B. die durch Radikale beendet wird

C. bei der zwei Radikale zu einem neuen Molekül kombinieren

D. bei der durch Spaltung einer Atombindung zwei Radikale entstehen

E. die durch energiereiche Strahlen (z.B. UV-Licht) ausgelöst und unterhalten wird

---

3.54   3.3.6
       3.3.22   Fragentyp B

Ordnen Sie bitte den Reaktionstypen in Liste 1 das passende Beispiel aus Liste 2 zu.

Liste 1

1) Autoxidation
2) elektrophile Substitution

Liste 2

A. $R-H \xrightarrow{-H\cdot} R\cdot$

$R\cdot + O_2 \longrightarrow R-O-O\cdot$

$R-O-O\cdot + H-R \longrightarrow R-O-O-H + R\cdot$

B. $R-CH_2-OH \longrightarrow R-C{\overset{O}{\underset{H}{\lessdot}}} + 2H^{\oplus} + 2e^{\ominus}$

C. $Cl_2 \longrightarrow 2\ |\overline{Cl}\cdot$

$Cl\cdot + R-H \longrightarrow H-Cl + R\cdot$

$R\cdot + Cl_2 \longrightarrow R-Cl + Cl\cdot$

D. $\langle\bigcirc\rangle + Br_2 \longrightarrow \langle\bigcirc\rangle-Br + HBr$

E. $CH_3-\underset{\underset{CH_3}{|}}{\overset{\overset{CH_3}{|}}{C}}-Cl \xrightarrow{-Cl^{\ominus}} CH_3-\underset{\underset{CH_3}{|}}{\overset{\overset{CH_3}{|}}{C}}^{\oplus} \xrightarrow{OH^{\ominus}} CH_3-\underset{\underset{CH_3}{|}}{\overset{\overset{CH_3}{|}}{C}}-OH$

3.55 3.3.7 Fragentyp D

Welche Aussagen zu den Strukturformeln I und II treffen zu?

1) I und II sind Konformere.
2) I und II besitzen gleichen Energiegehalt.
3) I wird als gestaffelte Anordnung bezeichnet.
4) I kann durch Drehung um die C-C-Bindung in II überführt werden.
5) I und II sind in der Newman-Projektion dargestellt.

Wählen Sie bitte die zutreffende Aussagenkombination.

A. Nur 1 und 3 sind richtig
B. Nur 2 und 5 sind richtig
C. Nur 1, 3 und 4 sind richtig
D. Nur 1, 4 und 5 sind richtig
E. Nur 2, 3 und 4 sind richtig

3.56 3.3.9 Fragentyp B

Ordnen Sie bitte den in Liste 1 angegebenen Begriffen aus der Stereochemie die entsprechende Konformation aus Liste 2 zu.

Liste 1

1) Sesselkonformation
2) Wannenkonformation

Liste 2

A.
B.
C.
D.
E.

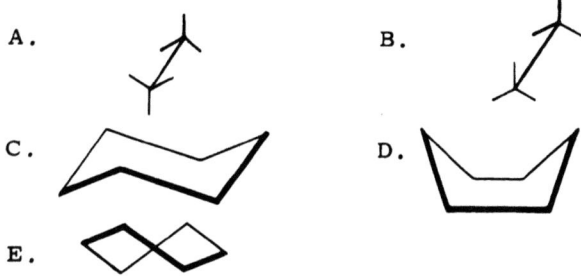

3.57 3.3.9 Fragentyp A

Welche Aussage zu den dargestellten Strukturformeln trifft <u>nicht</u> zu?

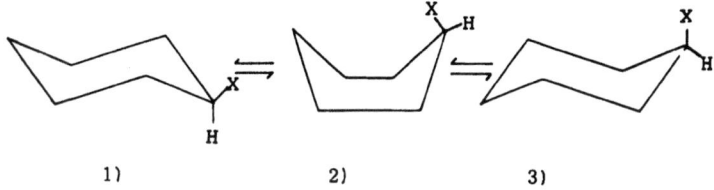

1) 2) 3)

A. 1, 2, und 3 sind Konformere
B. 1, 2, und 3 können durch Energiezufuhr ineinander übergeführt werden.
C. 2 ist energiereicher als 1 und 3.
D. In 1 und 2 stehen die Substituenten ekliptisch.
E. In 1 steht der Substituent X äquatorial und in 3 axial.

3.58   3.3.10   Fragentyp B

Ordnen Sie bitte die Konformeren des n-Butans nach abnehmendem Energieinhalt.

A. 2, 1, 4, 3
B. 1, 2, 3, 4
C. 2, 4, 1, 3
D. 1, 4, 2, 3
E. 4, 2, 3, 1

3.59   3.3.11   Fragentyp A

Welche der angegebenen Verbindungen ist optisch aktiv?

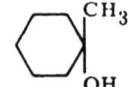

3.60   3.3.11   Fragentyp B

Ordnen Sie bitte den in Liste 1 angegebenen Begriffen die entsprechenden Beispiele aus Liste 2 zu.

Liste 1

1) Konformationsisomere
2) Enantiomere

A. CH_3\C=C/CH_3 CH_3\C=C/H
    H/   \H   H/   \ CH_3

B. [cyclohexane with H axial up, CH₃ down] ⇌ [cyclohexane with H down, CH₃ up]

C. $CH_3-\underset{O}{\overset{\|}{C}}-CH_2-\underset{O}{\overset{\|}{C}}-CH_3$ ⇌ $CH_3-\underset{OH}{\overset{|}{C}}H=CH-\underset{O}{\overset{\|}{C}}-CH_3$

D. [benzene] ↔ [benzene]

E. COOH   COOH
    | |
    H—C—OH   HO—C—H
    | |
    CH_3 CH_3

3.61   3.3.11   Fragentyp A

Welche Aussage zu den Verbindungen I und II trifft <u>nicht</u> zu?

I   II

A. I ist trans- und II cis-Dekalin.
B. I und II entstehen bei der Hydrierung von Naphthalin.
C. In I und II nehmen die beiden Ringe die Sesselkonformation ein.
D. Die beiden Isomere lassen sich nur mit einem beträchtlichen Energieaufwand ineinander überführen.
E. I besitzt gegenüber II die stabilere Konformation.

3.62   3.3.11   Fragentyp A

Es sind vier Verbindungen angegeben, die entweder optische Isomere (= OI) oder Konformationsisomere (=KI) bilden können. Treffen Sie bitte die richtige Zuordnung.

1) [Methylcyclohexan]

2) CO_2H
   $|$
   $CHOH$
   $|$
   $CHOH$
   $|$
   CH_3

3) [Decalin]

4) [Bicyclische Verbindung mit OH]

A. 1 = KI   2 = OI   3 = KI   4 = OI
B. 1 = OI   2 = OI   3 = OI   4 = Oi
C. 1 = KI   2 = KI   3 = KI   4 = OI
D. 1 = OI   2 = KI   3 = KI   4 = KI
E. 1 = OI   3 = KI   3 = OI   4 = KI

3.63   3.3.12   Fragentyp D

Welche Aussagen sind richtig?

I: CH_3 und H an $C=C$, H und CH_3

II: $H_2C=CH-CH=CH_2$ (Butadien)

1) I und II sind Strukturisomere.
2) I reagiert mit einem Mol Brom zu 2,3-Dibrombutan.
3) Nur bei I ist cis-trans-Isomerie möglich.
4) I geht Additions- und II Substitutionsreaktionen ein.

Wählen Sie bitte die zutreffende Aussagenkombination.

A. Nur 2 ist richtig
B. Nur 3 ist richtig
C. Nur 1 und 2 sind richtig

D. Nur 2 und 3 sind richtig

E. Nur 1, 3 und 4 sind richtig

3.64 3.3.12 3.3.13 Fragentyp A

Welche Aussage trifft nicht zu?
Die Verbindung $CH_3-CH_2-CH=CH_2$

A. zeigt freie Rotation um alle C-C-Einfachbindungen
B. kann Brom an die Doppelbindung addieren
C. tritt in cis-trans-Isomeren auf
D. kann mit Wasserstoff reduziert werden
E. kann Wasser unter Protonenkatalyse addieren

3.65 3.3.12 3.3.16 Fragentyp A

Welche Aussage über Olefine trifft nicht zu?

A. Sie haben am sp^2-hybridisierten Kohlenstoffatom einen Bindungswinkel von etwa 120°.
B. Sie können infolge der eingeschränkten Rotation um die C-C-Doppelbindung als cis-trans-Isomere auftreten.
C. Sie gehen leicht Additionsreaktionen ein.
D. Konjugierte Olefine besitzen einen höheren Energie-inhalt als nicht konjugierte Olefine gleicher Kohlenstoffzahl.
E. Olefine lassen sich unter Aktivierung der Doppelbindung polymerisieren.

3.66 3.3.12
3.3.18 Fragentyp D

Welche Aussagen treffen zu?

1) Doppelbindungen können nur von Elementen der 4. Hauptgruppe ausgebildet werden.
2) Der Bindungsstrich in der Valenzstrichformel symbolisiert ein Elektronenpaar.
3) Dreifachbindungen sind nur zwischen Kohlenstoffatomen möglich.
4) Freie Elektronenpaare sind bei einer heteropolaren Bindung (Ionenbeziehung) unerläßlich.
5) Bei der Einfachbindung sind die Bindungslängen erheblich kleiner als die Summe der Atomradien.

Wählen Sie bitte die zutreffende Aussagenkombination.

A. Nur 2 ist richtig
B. Nur 2 und 3 sind richtig
C. Nur 2 und 4 sind richtig
D. Nur 1, 2 und 5 sind richtig
E. Nur 3, 4 und 5 sind richtig

3.67 3.3.13 Fragentyp A

Die Umsetzung eines Alkens mit H_2 in Gegenwart von Pd als Katalysator nennt man

A. Hydratisierung
B. Solvatisierung
C. Dehydrierung
D. Dehydratisierung
E. Hydrierung

3.68 3.3.13 Fragentyp A

Bei der Umsetzung von Cyclohexen mit Bromwasser handelt es sich um eine

A. elektrophile Substitution
B. radikalische Substitution
C. nucleophile Substitution
D. Additionsreaktion
E. Eliminierung

3.69   3.3.13   Fragentyp A

Welche Aussage trifft zu?
Unter katalytischer Hydrierung versteht man eine

A. Wasserstoffabspaltung
B. Addition von H^+-Ionen
C. Wasserstoffanlagerung
D. Eliminierungsreaktion
E. Oxidationsreaktion

3.70   3.3.13   Fragentyp C

Bei der Umsetzung von $CH_3-CH=CH_2$ mit HCl entsteht 1-Chlorpropan.

weil

bei der Addition eines Protons das stabile Carboniumion $CH_3CH_2-\overset{\oplus}{C}H_2$ gebildet wird.

3.71   3.3.13   Fragentyp A

Bei der Reaktion

$$\underset{H}{\overset{CH_3}{>}}C=C\underset{H}{\overset{CH_3}{<}} + H_2 \xrightarrow{Katalysator} \begin{matrix} CH_3 \\ | \\ CH_2 \\ | \\ CH_2 \\ | \\ CH_3 \end{matrix} \; ; \; \Delta H = -119,7 \text{ kJ}$$

A. ist ein Katalysator grundsätzlich nicht notwendig, weil ΔH negativ ist
B. begünstigt eine Erhöhung der Reaktionstemperatur den Hydrierungsvorgang
C. liegt das Gleichgewicht auf der Seite der Edukte, weil die Reaktion exotherm verläuft
D. dient der Katalysator dazu, die entstehende Reaktionswärme aufzunehmen
E. führt eine Temperaturerniedrigung zur Erhöhung der Ausbeute an Endprodukt

3.72	3.3.13 3.3.15	Fragentyp A

Welches Endprodukt entsteht bei der Umsetzung von Cyclohexen mit Wasser?

A.

B.
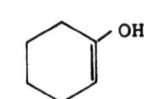

C.
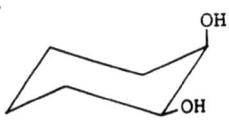

D.

E.

3.73	3.3.13 3.3.15	Fragentyp A

Welche der folgenden Verbindungen entsteht bei der Addition von Brom an Cyclohexen?

A.

B.
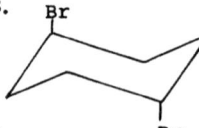

C.

D.
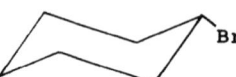

E.

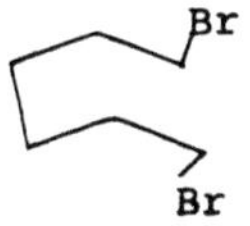

(Struktur: Cyclohexan mit zwei Br-Substituenten)

3.74   3.3.14   Fragentyp B

Ordnen Sie bitte den in Liste 1 angegebenen Polymeren die entsprechenden Monomeren aus Liste 2 zu.

Liste 1

1) $[-CH_2-CH_2-CH_2-CH_2-]_n$
2) $[-CH_2-\underset{CH_3}{CH}-CH_2-\underset{CH_3}{CH}-]_n$

Liste 2

A. $CH_2=CH_2$ B. $CH_2=CH-Cl$ C. $CH_2=\underset{COOCH_3}{C}-CH_3$

D. $CH_2=CH-CH=CH_2$ E. $CH_3-CH=CH_2$

3.75   3.3.14   Fragentyp A

Welche Antwort trifft nicht zu?
Verbindungen, die aus mehreren Monomeren aufgebaut sind, bezeichnet man je nach Anzahl der Bausteine als

A. oligomer   D. isomer
B. trimer   E. dimer
C. polymer

3.76   3.3.15   Fragentyp A

Welche Aussage trifft zu?
Unter der "Baeyerschen Probe" versteht man

A. die Oxidation von Olefinen mit alkalischer $KMnO_4$-Lösung
B. die Addition vom Brom an eine olefinische Doppelbindung
C. die Ozonisierung von Olefinen
D. die Reaktion von Hexosen mit Phenylhydrazin
E. die Umsetzung von Aldehyden mit Natriumhydrogensulfit

3.77   3.3.15   Fragentyp A

Welche Aussage trifft nicht zu?
Eine olefinische Doppelbindung kann man nachweisen durch:

A. Addition von Brom
B. Ozonspaltung
C. Bayersche Probe
D. Fehlingsche Probe
E. Reaktion mit Perbenzoesäure

3.78   3.3.15   Fragentyp A

Welche Aussage ist richtig?
Bei der Umsetzung von Buten-2 mit Ozon entsteht:

A. $CH_3-CH-CH-CH_3$
       $\quad\ \ |\ \ \ \ |$
       $\quad\ \ OH\ OH$

B. $CH_3-CH_2-O-O-CH_2-CH_3$

C. $CH_3-CH\underset{O-O}{\diagdown\ \ \ \diagup}CH-CH_3$

D. $CH_3-CH\underset{O-O}{\diagdown\overset{O}{\ \ }\diagup}CH-CH_3$

E. $CH_3-CH\underset{O}{\diagdown\ \diagup}CH-CH_3$

3.79 3.3.15 Fragentyp A

Bei der Einwirkung von Perbenzoesäure auf Olefine entsteht

A.
$$\begin{array}{c} R_1 \\ R_2 \end{array} C \underset{O}{\underline{\hspace{1em}}} C \begin{array}{c} R_3 \\ R_4 \end{array}$$

B.
$$\begin{array}{c} R_1 \\ R_2 \end{array} C \underset{O-O}{\underline{\hspace{1em}}} C \begin{array}{c} R_3 \\ R_4 \end{array}$$

C.
$$\begin{array}{c} R_1 \\ R_2 \end{array} C \underset{O-O}{\overset{O}{\diagup\diagdown}} C \begin{array}{c} R_3 \\ R_4 \end{array}$$

D. $\begin{array}{c}R_1\\R_2\end{array}C=O$ und $\begin{array}{c}R_3\\R_4\end{array}C=O$

E.
$$\begin{array}{c} R_1 \\ R_2-C \\ R_3 \end{array} \underline{\hspace{1em}} C \begin{array}{c} \diagup O \\ R_4 \end{array}$$

3.80 3.3.15 Fragentyp D

Geben Sie bitte an, welche der folgenden Reagentien sich zum Nachweis von Doppelbindungen eignen.

1) $KMnO_4$ 4) O_2
2) O_3 5) ammoniakalische $CuSO_4$-Lösung
3) KOH

Wählen Sie bitte die zutreffende Aussagenkombination.

A. Nur 1, 2 und 3 sind richtig
B. Nur 2, 4 und 5 sind richtig
C. Nur 1 und 2 sind richtig
D. Nur 2, 4 und 5 sind richtig
E. Nur 2 und 3 sind richtig

3.81 3.3.16 Fragentyp D

[Structures of dienes I-IV shown]

I: H_3C-CH=CH-CH=CH-CH_3 (conjugated)
II: H_3C-CH=CH-CH_2-CH=CH_2
III: CH_2=CH-CH_2-CH_2-CH=CH_2
IV: H_3C-CH=CH-CH_2-CH=CH_2

Welche Aussagen zu den Dienen I-IV treffen zu?

1) I ist ein konjugiertes Dien und besitzt einen höheren Energieinhalt als II, III oder IV.
2) II ist das trans-Isomere von IV.
3) Bei III gibt es keine cis-trans-Isomere.
4) Aus I-IV ensteht bei der katalytischen Hydrierung jeweils n-Hexan.
5) II und IV liefern bei der Addition von zwei Molen Brom die gleiche Tetrabromverbindung.

Wählen Sie bitte die zutreffende Aussagenkombination.

A. Nur 1, 2 und 4 sind richtig
B. Nur 1, 4 und 5 sind richtig
C. Nur 2, 3 und 5 sind richtig
D. Nur 2, 3, 4 und 5 sind richtig
E. Alle Aussagen sind richtig

3.82 3.3.16 Fragentyp A

Welche der folgenden Verbindungen ist das Reaktionsprodukt einer Diels-Alder-Reaktion aus Butadien und Maleinsäureanhydrid?

A. [bicyclic structure with oxygen bridge and anhydride]
B. [cyclohexene fused with anhydride ring]
C. [benzene fused with anhydride ring]

D. 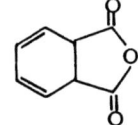 E. (Struktur)

3.83   3.3.16   Fragentyp A

Welches der angegebenen Moleküle ist zur Valenztautomerie befähigt?

A.

B. $CH_3-\underset{\underset{O}{\|}}{C}-CH_2-\underset{\underset{O}{\|}}{C}-CH_3$

C. $\underset{H}{\overset{CH_3}{}}C=C\underset{H}{\overset{CH_3}{}}$

D.

E.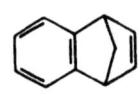

3.84 3.3.19 Fragentyp B

Ordnen Sie bitte den Namen in Liste 1 die entsprechenden Strukturformeln aus Liste 2 zu.

Liste 1

1) Toluol
2) Kresol

Liste 2

A. [2-Methylphenol: Benzolring mit CH₃ und OH ortho]

B. [Phenol: Benzolring mit OH]

C. [1,3-Dihydroxybenzol: Benzolring mit zwei OH meta]

D. [Toluol: Benzolring mit CH₃]

E. [1,4-Dimethylbenzol: Benzolring mit zwei CH₃ para]

3.85 3.3.19 Fragentyp A

Welche Zuordnung Struktur/Name trifft nicht zu?

A.  = Anthracen

B. [Biphenyl-Struktur] = Biphenyl

C. 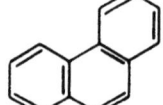 = Phenanthren

D.  = Benzpyren

E. 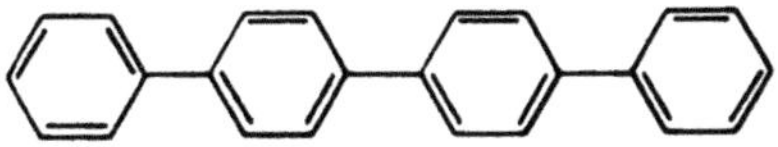 = Terphenyl

---

3.86 3.3.20 Fragentyp A

Welche Antwort trifft zu?
Die Hückel-Regel besagt, daß

A. ebene, cyclische Systeme mit $(4n + 2)\pi$-Elektronen aromatisch sind

B. die wahre Struktur des Benzols mit den beiden Kekuléformeln richtig wiedergegeben werden kann

C. nur 6π-Elektronensysteme als Aromaten bezeichnet werden können

D. Aromaten durch Substitutionsreaktionen gekennzeichnet sind

E. der aromatische Zustand durch die sog. Mesomerieenergie stabilisiert ist

3.87　　　　　　　　　3.3.20　　　　　　　Fragentyp D

Das Benzolmolekül

1) liegt als ebener Sechsring vor
2) enthält drei π-Bindungen
3) enthält sechs sp^2-hybridisierte C-Atome
4) ist durch die sog. Mesomerieenergie stabilisiert
5) geht bevorzugt elektrophile Substitutionsreaktionen ein

Wählen Sie bitte die zutreffende Aussagenkombination.

A. Nur 1 und 4 sind richtig
B. Nur 1, 2 und 3 sind richtig
C. Nur 1, 3 und 4 sind richtig
D. Nur 2, 4 und 5 sind richtig
E. Alle Aussagen sind richtig

3.88　　　　　　　　　3.3.22　　　　　　　Fragentyp A

Unter einem Elektrophil versteht man ein

A. Molekül ohne Elektronenüberschuß und ohne Elektronendefizit
B. negativ geladenes Ion
C. Molekül mit ungepaarten Elektronen
D. Molekül mit Elektronenüberschuß
E. Ion oder Molekül mit Elektronenlücke

3.89   3.3.22   Fragentyp D

Welche Aussagen zu den beiden folgenden Reaktionen treffen zu?

I: Cyclohexen + Br_2 → 1,2-Dibromcyclohexan

II: Benzol + Cl_2 $\xrightarrow{AlCl_3}$ σ-Komplex (Cl, H) → Chlorbenzol + $H^{\oplus}$

1) I ist eine elektrophile Additionsreaktion und II eine elektrophile Substitutionsreaktion.
2) Der erste Reaktionsschritt ist bei I und II die Addition des Elektrophils.
3) Bei I stabilisiert sich das intermediär entstandene Carboniumion durch Addition eines Nucleophils.
4) Bei II wird nach Abspaltung eines Protons der aromatische Zustand wieder hergestellt.
5) Bei I entsteht als Endprodukt cis-1,2-Dibromcyclohexan.

Wählen Sie bitte die zutreffende Aussagenkombination.

A. Nur 1 und 2 sind richtig
B. Nur 3 und 4 sind richtig
C. Nur 1, 4 und 5 sind richtig
D. Nur 1, 2, 3 und 4 sind richtig
E. Alle Aussagen sind richtig

3.90 3.3.22 / 3.3.23 Fragentyp A

Welche Aussage zu der Reaktion

$$\text{Toluol} + Cl_2 \xrightarrow{FeCl_3} \text{p-Chlortoluol} + HCl$$

trifft nicht zu?

A. Es handelt sind um eine elektrophile Substitutionsreaktion.
B. $Cl^{\oplus}$ fungiert bei der Reaktion als elektrophiles Agens.
C. Die CH_3-Gruppe wirkt bei dieser Reaktion als Substituent erster Ordnung.
D. Die Reaktion gelingt nur in Anwesenheit von Halogenüberträgern wie $AlCl_3$, $FeCl_3$ u.a.
E. Außer p-Chlortoluol wird in großen Mengen m-Chlortoluol gebildet.

3.91 3.3.22 / 3.3.24 Fragentyp A

Welche Aussage trifft nicht zu?

A. Positiv geladene Ionen können als Elektrophile reagieren.
B. Die Wasserstoffatome des Benzols können durch Elektrophile substituiert werden.
C. Verbindungen mit π-Elektronen können als Nucleophile reagieren.
D. Nucleophile sind immer negativ geladene Ionen.
E. Protonen sind elektrophile Teilchen.

3.92   3.3.22
         3.3.24   Fragentyp B

Ordnen Sie bitte den Bezeichnungen in Liste 1 die entsprechende Reaktionsgleichung aus Liste 2 zu.

Liste 1

1) Elektrophile Substitution
2) Nucleophile Substitution

Liste 2

A. $C_6H_5\text{-}CH_3 \xrightarrow{Cl_2, h\nu} C_6H_5\text{-}CH_2Cl + HCl$

B. $C_6H_5\text{-}CH_3 \xrightarrow{HNO_3/H_2SO_4} \text{4-}NO_2\text{-}C_6H_4\text{-}CH_3 + H^{\oplus}$

C. $CH_3\text{-}CN + H_2O \xrightarrow{OH^{\ominus}} CH_3\text{-}CONH_2$

D. $\text{4-}NO_2\text{-}C_6H_4\text{-}Cl \xrightarrow{^{\ominus}OC_2H_5} \text{4-}NO_2\text{-}C_6H_4\text{-}OC_2H_5 + Cl^{\ominus}$

E. $(CH_3)HC{=}CH(CH_3) \xrightarrow{Br_2} CH_3\text{-}CHBr\text{-}CHBr\text{-}CH_3$

3.93 | 3.3.22 3.3.23 3.3.24 | Fragentyp A

Bei der Reaktion

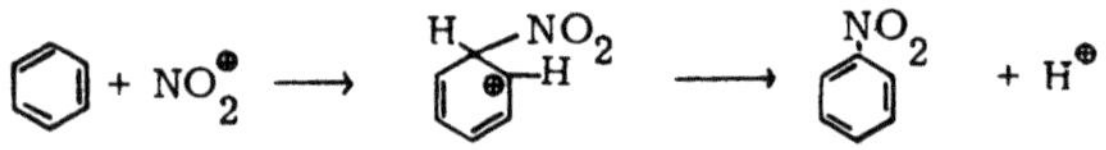

$$\bigcirc + NO_2^{\oplus} \longrightarrow \underset{\oplus}{\bigcirc}\!\!\begin{array}{c}H\\-H\end{array}\!\!NO_2 \longrightarrow \bigcirc\!\!-NO_2 + H^{\oplus}$$

handelt es sich um eine

A. elektrophile Substitution
B. elektrophile Addition
C. nucleophile Substitution
D. radikalische Substitution
E. nucleophile Addition

3.94 | 3.3.22 3.4.2 | Fragentyp B

Ordnen Sie bitte den Reaktionen in Liste 1 die entsprechenden Bezeichnungen aus Liste 2 zu.

Liste 1

1) 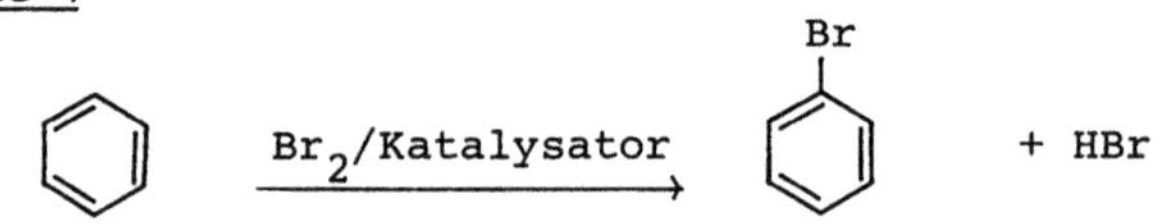 $\bigcirc \xrightarrow{Br_2/Katalysator} \bigcirc\!\!-Br$ + HBr

2) $CH_3-CH_2-Br + KOH \longrightarrow CH_3-CH_2-OH + KBr$

Liste 2

A. Nucleophile Substitution
B. Elektrophile Substitution
C. Addition
D. Eliminierung
E. Radikalische Substitution

3.95   3.3.24 / 3.4.2   Fragentyp A

Unter einem Nucleophil versteht man ein

A. positiv geladenes Ion
B. Ion oder Molekül mit Elektronenüberschuß
C. Atom oder Molekül mit einem oder mehreren ungepaarten Elektronen
D. Ion mit einer Elektronenlücke
E. Molekül, das weder Elektronendefizit noch Elektronenüberschuß besitzt

3.96   3.3.24 / 3.4.2   Fragentyp D

Welche der Verbindungen (1)-(5) ist (sind) als nucleophil zu bezeichnen?

1) $H-\overline{\underline{O}}|^{\ominus}$

2) $CH_3-\overset{\overset{\displaystyle CH_3}{|}}{\underset{\underset{\displaystyle CH_3}{|}}{C}}^{\oplus}$

3) $CH_3-\overset{\overset{\displaystyle CH_3}{|}}{\underset{\underset{\displaystyle CH_3}{|}}{C}}|^{\ominus}$

4) $^{\ominus}|CH_2-C\underset{\diagdown H}{\overset{\diagup\!\!\!\!O}{}}$

5) $AlCl_3$

Wählen Sie bitte die zutreffende Aussagenkombination.

A. Nur 2 ist richtig
B. Nur 1 und 3 sind richtig
C. Nur 2 und 4 sind richtig
D. Nur 1, 3 und 4 sind richtig
E. Nur 2, 3 und 5 sind richtig

3.97   3.3.25   Fragentyp D

Welche der angegebenen Substituenten lenken den Zweitsubstituenten am monosubstituierten Benzolderivat in die ortho- bzw. para-Stellung?

1) -Cl
2) $-CH_3$
3) $-NH_2$
4) $-SO_3H$
5) -COOH

Wählen Sie bitte die zutreffende Aussagenkombination.

A. Nur 1 und 2 sind richtig
B. Nur 2 und 4 sind richtig
C. Nur 1, 2 und 3 sind richtig
D. Nur 3, 4 und 5 sind richtig
E. Nur 1, 3, 4 und 5 sind richtig

3.98   3.3.25   Fragentyp D

Welche der angegebenen Reste in monosubstituierten Benzolderivaten lenken bei Zweitsubstitution in die meta-Stellung?

1) $-NH_2$
2) $-NO_2$
3) -CN
4) $-CH_3$
5) -COCl

Wählen Sie bitte die zutreffende Aussagenkombination.

A. Nur 1 und 4 sind richtig
B. Nur 2 und 3 sind richtig
C. Nur 3 und 5 sind richtig
D. Nur 2, 3 und 5 sind richtig
E. Nur 1, 3 und 5 sind richtig

| 3.99 | 3.3.25 | Fragentyp A |

Wieviele Isomere bildet ein disubstituiertes Benzolderivat?

A. 1
B. 2
C. 3
D. 4
E. 5

| 3.100 | 3.4.1
3.14.1 | Fragentyp B |

Ordnen Sie bitte den in Liste 1 angegebenen Verbindungen das passende Beispiel aus Liste 2 zu.

Liste 1

1) Alkylhalogenid
2) Säurechlorid

Liste 2

A. 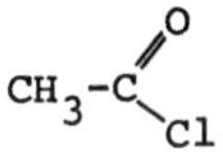 $CH_3-C\underset{Cl}{\overset{O}{\diagup}}$

B. 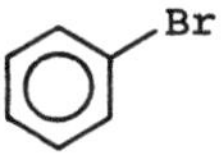 Ph-Br (Brombenzol)

C. $|\overline{\underline{I}}-\overline{\underline{I}}|$

D. $CH_3-CH_2-CH_2-F$

E. $CH_3-\underset{CH_3}{\overset{CH_3}{\underset{|}{N_\oplus}}}CH_3 \ Br^\ominus$

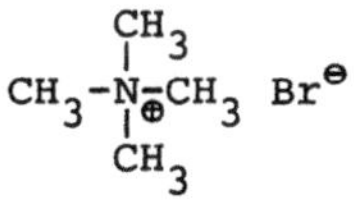

| 3.101 | 3.4.2 | Fragentyp A |

Bei der Umsetzung von CH_3-CH_2-Cl mit KOH zu CH_3-CH_2-OH handelt es sich um eine

A. Eliminierung
B. nucleophile Substitution
C. Additionsreaktion
D. radikalische Substitution
E. elektrophile Substitution

3.102   3.4.3
        3.4.4   Fragentyp A

Welche Aussage zu der folgenden Reaktion trifft <u>nicht</u> zu?

$$\underset{CH_3CH_2}{\overset{CH_3}{>}}CH-Br \xrightarrow[-Br^{\ominus}]{+OH^{\ominus}} \underset{CH_3CH_2}{\overset{CH_3}{>}}CH-OH$$

A. Die Reaktion kann entweder nach dem S_N1- oder dem S_N2-Mechanismus verlaufen.
B. Die OH-Gruppe fungiert als Nucleophil.
C. Polare Lösungsmittel begünstigen den S_N2-Mechanismus.
D. Durch Nebenreaktionen können Eliminierungsprodukte gebildet werden.
E. Eine Entscheidung über den Reaktionsmechanismus ist mit Hilfe der Stereochemie möglich.

3.103   3.4.3
        3.4.5   Fragentyp A

Welche Aussage trifft zu?
Bei S_N1- und S_N2-Reaktionen handelt es sich um

A. nucleophile Additionsreaktionen
B. nucleophile Substitutionsreaktionen
C. elektrophile Substitutionsreaktionen
D. elektrophile Additionsreaktionen
E. radikalische Substitutionsreaktionen

3.104   3.4.5   Fragentyp A

Welches der folgenden Alkylhalogenide reagiert mit $OH^{\ominus}$-Ionen bevorzugt nach dem S_N2-Mechanismus?

A. CH_3-CH_2-Cl

B. $CH_3-\underset{CH_3}{\overset{CH_3}{|}}C-Cl$

C. $CH_3-\underset{CH_3}{\overset{CH_3}{|}}C-CH_2-Cl$

D. ⌬-CH$_2$-Cl

E. CH$_2$=CH-CH$_2$-Cl

3.105   3.4.5   Fragentyp A

Welche der folgenden Reaktionen verläuft nach einem S$_N$1-Mechanismus?

A. $CH_3-\underset{\underset{CH_3}{|}}{\overset{\overset{CH_3}{|}}{C}}-Cl \xrightarrow[-Cl^\ominus]{OH^\ominus} CH_3-\underset{\underset{CH_3}{|}}{\overset{\overset{CH_3}{|}}{C}}-OH$

B. $\underset{CH_3}{\overset{CH_3}{>}}C=O + CH_3-O-H \longrightarrow CH_3O-\underset{\underset{CH_3}{|}}{\overset{\overset{CH_3}{|}}{C}}-OH$

C. $CH_3-CH_3 + Cl_2 \xrightarrow[-HCl]{} CH_3-CH_2-Cl$

D. $CH_3-CH_2-CH_2-Cl \xrightarrow[-HCl]{} CH_3-CH=CH_2$

E. $CH_3-CH_2-Cl + OH^\ominus \longrightarrow CH_3-CH_2-OH + Cl^\ominus$

3.106   3.5.2   Fragentyp A

Welche Aussage trifft <u>nicht</u> zu?
Grignardverbindungen

A. entstehen durch Umsetzung von Alkylhalogeniden mit Magnesium

B. addieren sich an polare Mehrfachbindungen wie in -C≡N, -C=O oder -C=S

C. reagieren mit Carbonylgruppen als Nucleophile

D. greifen Aromaten elektrophil an

E. werden durch Säuren in Ester übergeführt

3.107 3.5.4 Fragentyp A

Welche Aussage trifft nicht zu?
Bei der Umsetzung von Grignard-Verbindungen entstehen mit

A. Aldehyden : sekundäre Alkohole
B. Ketonen : tertiäre Alkohole
C. Kohlendioxid : Carbonsäuren
D. Formaldehyd : primäre Alkohole
E. Estern : primäre Alkohole

3.108 3.6.1 Fragentyp A

Welche Aussage trifft zu?
Bei der Reduktion eines Disulfids in wäßriger Lösung bildet sich

A. ein Thioether
B. eine Sulfonsäure
C. ein Thioalkohol
D. ein Sulfonamid
E. ein Sulfoxid

3.109 3.6.1 3.6.4 Fragentyp A

Welche Aussage über die Koeffizienten der folgenden Gleichung trifft zu?

$$r\ C_2H_5\text{-SH} \longrightarrow s\ H_5C_2\text{-S-S-}C_2H_5 + t\ H^+ + u\ e^-$$

A. $r = s$, $t = u$
B. $r = t$, $u > s$
C. $r = u = 1$, $s = t = 1$
D. $s = t = u = 2$, $r = 1$
E. $s = u = 2$, $t = r = 2$

3.110 3.6.2 Fragentyp C

Thiolalkohole sind stärker sauer als Alkohole,

weil

Thioalkohole gut kristallisierende Schwermetallsalze bilden können.

3.111 3.6.2 Fragentyp A

Welche Aussage trifft nicht zu?
Thiolalkohole

A. sind stärker sauer als Alkohole
B. bilden keine Wasserstoffbrücken aus
C. sind schwerer oxidierbar als Alkohole
D. werden zu Disulfiden oxidiert
E. sind Monosubstitutionsprodukte des Schwefelwasserstoffs

3.112 3.6.3 Fragentyp A

Welche der folgenden Verbindungen hat eine Sulfonamidstruktur?

A. 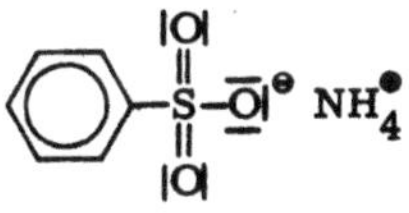 C₆H₅–S(=O)(=O)–O⁻ NH₄⁺

B. 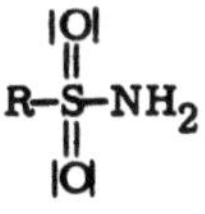 R–S(=O)(=O)–NH₂

C. 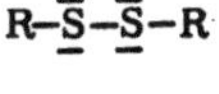 R–S̄–S̄–R

D. 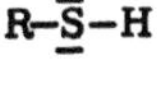 R–S̄–H

E. 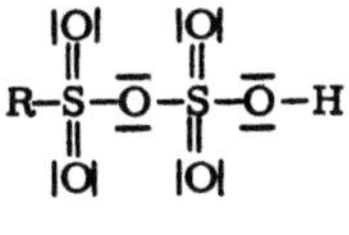 R–S(=O)(=O)–Ō–S(=O)(=O)–Ō–H

3.113 3.6.4 Fragentyp A

Bei welcher der folgenden Verbindungen handelt es sich um ein Sulfoniumsalz?

A. $CH_3-\overset{\overset{CH_3}{|}}{\underset{\underset{CH_3}{|}}{S}}{}^{\oplus}\quad I^{\ominus}$

B. $S=C\overset{OC_2H_5}{\underset{\underline{\bar{S}}|^{\ominus}\ Na^{\oplus}}{}}$

C. $C_2H_5-\underline{\bar{S}}|^{\ominus}\ Na^{\oplus}$

D. $C_2H_5-\overset{O}{\underset{}{\overset{\|}{S}}}-\bar{\underline{O}}|^{\ominus}\ K^{\oplus}$

E. $C_2H_5-\overset{O}{\underset{O}{\overset{\|}{\underset{\|}{S}}}}-\bar{\underline{O}}|^{\ominus}\ K^{\oplus}$

3.114 3.7.2 Fragentyp A

Welche Aussage trifft <u>nicht</u> zu?
Nitroalkane

A. können aus Alkylbromiden und $NaNO_2$ hergestellt werden
B. besitzen die allgemeine Struktur R-O-NO
C. können mit Laugen Salze bilden
D. zeigen in speziellen Fällen die sog. aci-nitro-Tautomerie
E. können durch direkte Nitrierung von Alkanen gewonnen werden

3.115 3.7.3 Fragentyp A

Welche Gleichung gibt die Darstellung von Nitrobenzol richtig wieder?

A. ⌬ + NO_2 $\xrightarrow{-H\cdot}$ ⌬-NO_2

B. ⌬ + $NO_2^{\ominus}$ $\xrightarrow{-H^{\ominus}}$ ⌬-NO_2

C. 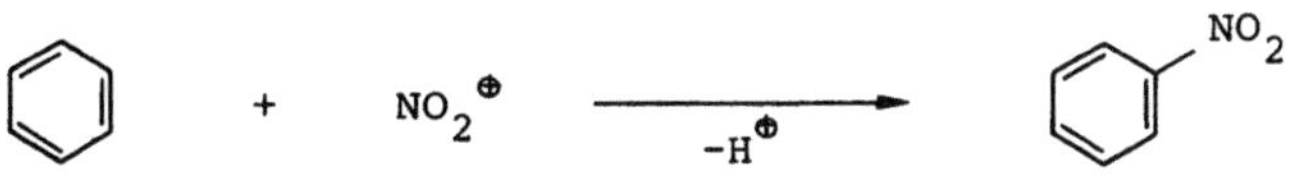 ⌬ + $NO_2^{\oplus}$ $\xrightarrow{-H^{\oplus}}$ ⌬-NO_2

D. 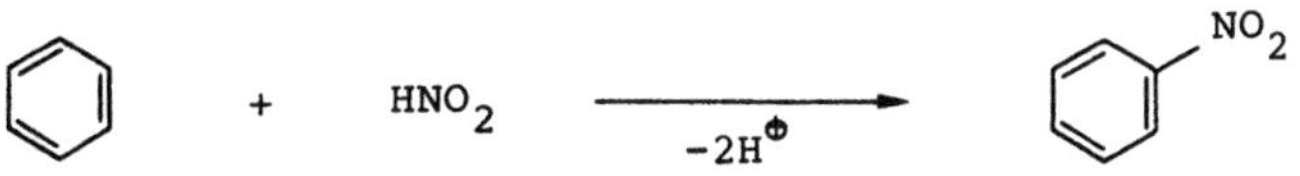 ⌬ + HNO_2 $\xrightarrow{-2H^{\oplus}}$ ⌬-NO_2

E. 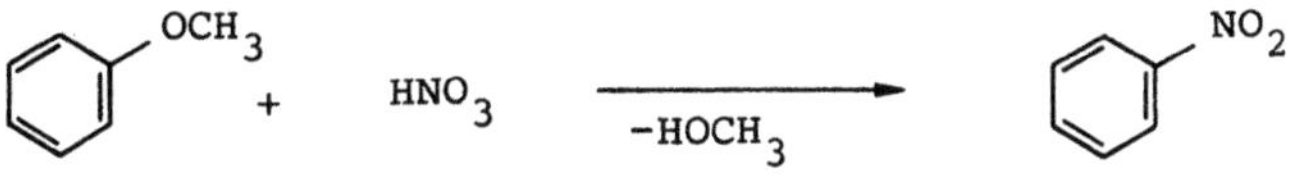 ⌬-OCH_3 + HNO_3 $\xrightarrow{-HOCH_3}$ ⌬-NO_2

3.116 3.7.4 Fragentyp A

Welche der angegebenen Verbindungen ist das Endprodukt der Reduktion von Nitrobenzol mit Eisen in saurer Lösung?

A. C_6H_5-NHOH B. C_6H_5-N=N-C_6H_5 C. C_6H_5-NH_2

D. C_6H_5-N=O E. C_6H_5-N=$\overset{\oplus}{N}$-C_6H_5
$\quad\quad\quad\quad\quad\quad\quad\quad\quad\quad |\underset{\ominus}{O}|$

3.117 3.8.1 Fragentyp A

Die Umsetzung eines Amins mit Salzsäure liefert

A. ein Diazoniumsalz
B. eine Nitrosoverbindung
C. eine Ammoniumverbindung
D. ein Oxim
E. eine Azoverbindung

3.118   3.8.1   Fragentyp A

Welche Zuordnung trifft <u>nicht</u> zu?

A. primäres Amin: $CH_3-CH_2-CH_2-C\overset{O}{\underset{NH_2}{\diagdown}}$

B. sekundäres Amin: H-N⟨cyclohexyl⟩

C. Ammoniumverbindung: $(CH_3)_3C-\overset{\oplus}{N}H_3 \quad I^{\ominus}$

D. tertiäres Amin: ⟨Pyridin⟩

E. sekundäres Amin: $CH_3-CH_2-\underset{H}{\overset{H}{N}}-\underset{CH_3}{\overset{CH_3}{C}}$

3.119   3.8.1   Fragentyp B

Ordnen Sie bitte den Namen in Liste 1 die entsprechenden Strukturformeln aus Liste 2 zu.

Liste 1

1) Trimethylammoniumchlorid
2) Cholin

Liste 2

A. $[(HO-CH_2-CH_2-\overset{\oplus}{N}(CH_3)_3] \ OH^-$

B. $[(CH_3)_3\overset{\oplus}{N}-\underset{OH}{CH}-CH_3] \ Cl^-$

C. $[CH_3-\underset{\underset{CH_3}{|}}{\overset{\overset{CH_3}{|}}{\underset{\oplus}{N}}}-H] \ Cl^-$

D. $[CH_3-\underset{\underset{CH_3}{|}}{\overset{\overset{CH_3}{|}}{\underset{\oplus}{N}}}-CH_3] \ Cl^-$

E. $[CH_3-CH_2-\underset{\underset{H}{|}}{\overset{\overset{H}{|}}{\underset{\oplus}{N}}}-CH_3] \ Cl^-$

3.120 3.8.1 Fragentyp C

2-Aminopropan 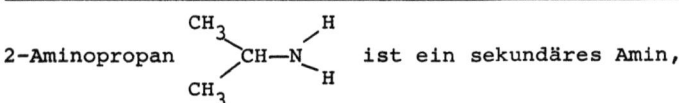 ist ein sekundäres Amin,

weil

im 2-Aminopropan die H_2N-Gruppe an einem sekundären C-Atom steht.

3.121 3.8.1 Fragentyp A

Bei der Umsetzung von Dimethylamin mit HCl wird

A. die Aminogruppe durch Chlor substituiert
B. eine Ammoniumverbindung gebildet
C. eine Diazoniumverbindung gebildet
D. die Aminogruppe zur Nitrogruppe oxidiert
E. Cl^- zu Cl_2 oxidiert

3.122 3.8.1 3.8.3 Fragentyp D

Welche Feststellungen über Amine treffen zu?

1) Man unterscheidet primäre, sekundäre und tertiäre Amine.
2) Sie enthalten am Stickstoff immer ein freies Elektron
3) Sie bilden mit Säuren Ammoniumverbindungen.
4) Sie sind als Elektrophile zu bezeichnen.
5) Nur tertiäre Amine reagieren mit salpetriger Säure.

Wählen Sie bitte die zutreffende Aussagenkombination.

A. Nur 1 ist richtig
B. Nur 1 und 3 sind richtig
C. Nur 2 und 5 sind richtig
D. Nur 1, 2 und 4 sind richtig
E. Alle Aussagen sind richtig

3.123 3.8.1
3.14.1 Fragentyp A

Welche Zuordnung trifft nicht zu?

A. cyclohexanol : Alkohol

B. 2-Hydroxytetrahydropyran : Ester

C. Glutarsäureanhydrid : Anhydrid

D. CH_3-CH_2\
   NH : sekundäres Amin\
   CH_3-CH_2

E. CH_3-CH_2\, H\
   N$^{\oplus}$\
   CH_3-CH_2 H : Ammoniumion

3.124 3.8.2 Fragentyp A

Welche der angegebenen Reaktionen liefert nicht das formulierte Endprodukt?

A. $CH_3-C(=O)OC_2H_5 + H_2NOH \longrightarrow CH_3-C(=O)NHOH + C_2H_5OH$

B. $Cl-CH_2-COOH \xrightarrow[-NaCl,\ -CO_2]{NaNO_2} CH_3-NO_2$

C. $R_3N + HNO_2 \xrightarrow[-H_2O]{+H^{\oplus}} R_2N-N=O + RH$

D. $(CH_3CH_2)_2NH + HNO_2 \xrightarrow[-H_2O]{} (CH_3CH_2)_2N-N=O$

E. $KCN \xrightarrow{1/2\ O_2} K^{\oplus}\ |\overset{\ominus}{\underline{O}}-C\equiv N|$

3.125 3.8.2 Fragentyp A

Welche Zuordnung trifft nicht zu?

A. Cyansäure: $H-O-C\equiv N|$

B. Hydroxamsäure: $CH_3-C\overset{\displaystyle O}{\underset{\displaystyle NHOH}{}}$

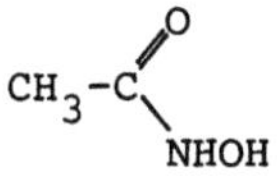

C. Aminoxid: $(CH_3)_3 \overset{\oplus}{N} - \overset{\ominus}{\underline{\overline{O}}}|$

D. Nitrosamin: $(CH_3CH_2)_2 \bar{N}-\bar{N}=O$

E. Hydrazon: $C_6H_5-NH-NH-C_6H_5$

3.126 3.8.2 Fragentyp B

Ordnen Sie bitte den Bezeichnungen in Liste 1 die entsprechenden Strukturformeln aus Liste 2 zu.

Liste 1

1) Diazoniumverbindung
2) Azomethin (Schiffsche Base)
3) Azoverbindung

Liste 2

A. 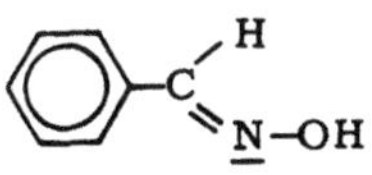 $C_6H_5-CH=\underline{N}-OH$

B. $C_6H_5-CH=\underline{N}-C_6H_5$

C. $C_6H_5-C(=O)-\underline{N}(CH_3)_2$

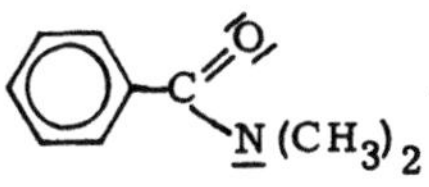

D. 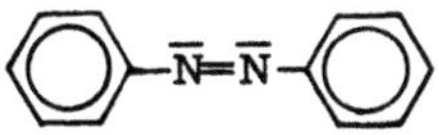 $C_6H_5-\bar{N}=\bar{N}-C_6H_5$

E.  $C_6H_5-\overset{\bullet}{N}\equiv N|\ Cl^{\ominus}$

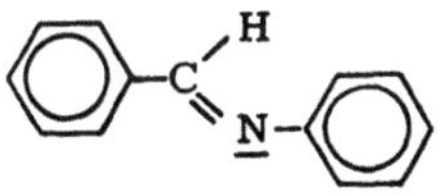

3.127 3.8.2 Fragentyp A

Bei der Verbindung $CH_3-C\underset{NHOH}{\overset{O}{\diagdown}}$ handelt es sich um

A. ein Säureamid
B. ein Azomethin
C. eine Imidoverbindung
D. ein Säurehydrazid
E. eine Hydroxamsäure

3.128 3.8.3 Fragentyp A

Welche der folgenden Verbindungen bildet mit sich selbst keine Wasserstoffbrückenbindungen?

A. C_2H_5OH

B. $CH_3-\underset{O}{\overset{}{C}}-CH_2-COOH$

C. $C_2H_5-O-C_2H_5$

D. $CH_3-O-CH_2-CH_2-OH$

E. $\underset{NH_2}{CH_2COOH}$

3.129 3.8.3 Fragentyp A

Welche der angegebenen Stereoformeln gibt das Dimethylaminmolekül sterisch richtig wieder?

A.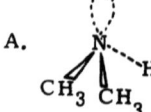

B.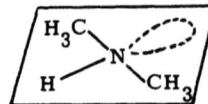

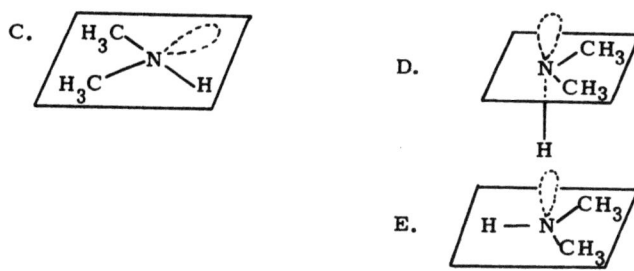

| 3.130 | 3.8.3 | Fragentyp D |

Welche der angegebenen Moleküle vermögen Wasserstoffbrückenbindungen auszubilden?

1) Cl–C₆H₅

4) $CH_3-CH_2-\underset{\underset{CH_3}{|}}{\overset{\overset{CH_3}{|}}{C}}-CH_3$

2) NH_3

5) $CH_3-CH_2-O-CH_2-CH_2$

3) CH_3-CH_2-OH

Wählen Sie bitte die zutreffende Aussagenkombination.

A. Nur 1 und 3 sind richtig
B. Nur 1 und 5 sind richtig
C. Nur 2 und 3 sind richtig
D. Nur 1, 2 und 3 sind richtig
E. Nur 2, 3 und 4 sind richtig

3.131 3.8.4 Fragentyp B

Ordnen Sie bitte den in Liste 1 gegebenen Begriffen die entsprechende Reaktion aus Liste 2 zu.

Liste 1

1) Beckmann-Umlagerung
2) Hofmann-Abbau

Liste 2

A. $R-C(=O)NH_2 \xrightarrow{NaOBr} R-C(=O)NHBr \xrightarrow[-Br^{\ominus}]{OH^{\ominus}} R-C(=O)\underline{\bar{N}} \longrightarrow$

$O=C=N-R \xrightarrow{H_2O} HO-C(=O)-NHR \xrightarrow{-CO_2} RNH_2$

B. $R-C(=O)NHOH \xrightarrow{+OH^{\ominus}} R-C(=O)\underline{N}-OH \xrightarrow{-OH^{\ominus}} R-C(=O)\underline{N} \longrightarrow$

$O=C=N-R \xrightarrow{H_2O} HO-C(=O)-NHR \longrightarrow CO_2 + RNH_2$

C. $\begin{array}{c}R\\R'\end{array}C=\underline{N}-OH \xrightarrow{+H^{\oplus}} \begin{array}{c}R\\R'\end{array}C=\underline{N}-\overset{\oplus}{O}H_2 \xrightarrow{-H_2O} R-\overset{\oplus}{C}=\bar{N}-R'$

$\xrightarrow{H_2O} \begin{array}{c}R\\O=\end{array}C-NHR'$

D. $R-C(=O)\underset{\ominus}{\underline{N}}-N\equiv N| \xrightarrow{-N_2} R-\bar{N}=C=O \xrightarrow{C_2H_5OH} O=C\begin{array}{c}NHR\\OC_2H_5\end{array}$

E. $R-C(=O)\underset{\underline{CH}-N\equiv N|}{\overset{\ominus}{|}} \xrightarrow{-N_2} R-C(=O)\underline{CH} \longrightarrow O=C=CHR$

3.132 3.8.4 Fragentyp A

Welche Aussage trifft nicht zu?
Amine können hergestellt werden durch

A. Umsetzung von Ammoniak mit Alkylhalogeniden
B. Oxidation von Nitroverbindungen
C. thermische Zersetzung von Säureaziden in alkoholischer Lösung
D. Reaktion von Säureamiden mit Brom in Natronlauge
E. durch Erhitzen von Alkylhalogeniden mit Phthalimidkalium

3.133 3.8.5 Fragentyp A

Ordnen Sie bitte die folgenden Amine nach fallender Basizität.

1) $CH_3-CH_2-NH_2$ 2) 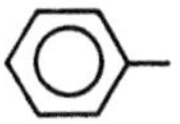 ⟨◯⟩—NH_2 3) $(CH_3CH_2)_2NH$

$pK_b = 3,25$ $pK_b = 9,42$ $pK_b = 3,02$

A. 1, 3, 2   D. 2, 1, 3
B. 3, 2, 1   E. 2, 3, 1
C. 3, 1, 2

3.134 3.8.5 Fragentyp A

Wie groß ist der pH-Wert einer 10^{-2} N wäßrigen Lösung von Ammoniak ($pK_s = 9,25$)?

A. 7.9   D. 10.6
B. 8.6   E. 11.3
C. 9.2

3.135   3.8.5   Fragentyp A

Der pH-Wert einer äquimolaren wäßrigen Lösung von Methylamin (pK_s = 10,64) und Methylammoniumchlorid beträgt etwa

A. 5.3
B. 7.8
C. 9.3
D. 10.6
E. 11.2

3.136   3.8.5   Fragentyp C

Anilin (pK_s = 4,58) hat einen größeren pK_b-Wert als Dimethylamin (pK_s = 10,71),

weil

beim Anilin das freie Elektronenpaar am Stickstoff in die Mesomerie des Phenylrestes einbezogen wird.

3.137   3.8.6   Fragentyp A

Bei der Umsetzung von $CH_3-CH_2-NH_2$ mit salpetriger Säure entsteht

A. $CH_3-CH_2-N=O$
B. CH_3-CH_3
C. CH_3-CH_2-OH
D. $CH_2=CH_2$
E. $CH_3-C\underset{OH}{\overset{O}{\diagup\!\!\!\diagdown}}$

3.138   3.8.6   Fragentyp B

Ordnen Sie bitte den in Liste 1 angegebenen Ausgangsverbindungen das bei der Umsetzung mit HNO_2 entstehende Endprodukt aus Liste 2 zu.

Liste 1

1) Primäres Amin
2) Sekundäres Amin

Liste 2

A. Alkan
B. Alkohol
C. Aldehyd
D. Nitrosamin
E. Säure

3.139   3.8.6   Fragentyp A

Als Isonitrilreaktion bezeichnet man die Umsetzung von

A. primären Aminen mit $CHCl_3$ in NaOH
B. Phthalimidkalium mit Alkylhalogeniden
C. sekundären Aminen mit CH_2Cl_2 in KOH
D. primären Aminen mit HNO_2
E. tertiären Aminen mit H_2O_2

3.140 3.8.7 Fragentyp A

Bei welcher der folgenden Reaktionen handelt es sich um eine Diazotierung?

A. $C_6H_5-NH_2 + HNO_2 \xrightarrow{HCl} [C_6H_5-N\equiv N]^{\oplus} Cl^{\ominus} + 2\ H_2O$

B. $C_6H_5-NH_2 + [C_6H_5-N\equiv N]^{\oplus} \longrightarrow C_6H_5-N=N-C_6H_4-NH_2 + H^{\oplus}$

C. $C_6H_5-NH_2 + HCl \longrightarrow C_6H_5-\overset{H}{\underset{H}{\overset{|}{N}^{\oplus}}}-H\ \ Cl^{\ominus}$

D. $C_6H_5-NH_2 + \overset{H}{\underset{O}{C}}-C_6H_5 \longrightarrow C_6H_5-N=CH-C_6H_5 + H_2O$

E. $[C_6H_5-N\equiv N]^{\oplus}\ Cl^- \xrightarrow{H_2O} C_6H_5-OH + N_2 + HCl$

3.141 3.8.7 Fragentyp A

Welche Aussage trifft zu?
Diazoessigsäureethylester stellt man her durch Umsetzung von

A. α-Aminoessigsäureethylester mit HNO_2
B. α-Aminopropionsäureethylester mit HNO_2
C. Milchsäureethylester mit HNO_2
D. Essigsäureethylester mit Diazomethan
E. Acetylharnstoff mit Diazomethan

3.142   3.8.7   Fragentyp D

Welche der angegebenen Verbindungen können mit Diazomethan reagieren?

1) 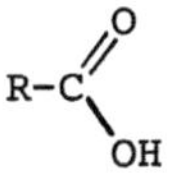 $R-C\underset{OH}{\overset{O}{\diagup\!\!\diagdown}}$

2) $R-\bar{N}H_2$

3) $R_3N|$

4) $R-\bar{\underline{O}}-R$

5) 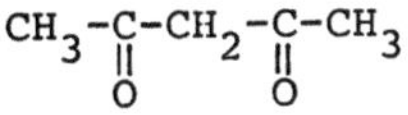 $CH_3-\underset{O}{\overset{\|}{C}}-CH_2-\underset{O}{\overset{\|}{C}}-CH_3$

Wählen Sie bitte die zutreffende Aussagenkombination.

A. Nur 2 ist richtig
B. Nur 3 ist richtig
C. Nur 1 und 4 sind richtig
D. Nur 1, 2 und 5 sind richtig
E. Nur 2, 3 und 4 sind richtig

3.143   3.8.7   Fragentyp D

Aus welcher(n) der angegebenen Verbindungen kann in stark alkalischer Lösung Diazomethan freigesetzt werden?

1) $O=C\begin{smallmatrix}NH_2\\NH_2\end{smallmatrix}$

2) $O=C\begin{smallmatrix}OC_2H_5\\N-N=O\\|\\CH_3\end{smallmatrix}$

3) $CH_3-C_6H_4-SO_2-N\begin{smallmatrix}CH_3\\N=O\end{smallmatrix}$

4) $C_6H_5-N=N-CH_3$

5) $CH_3-C_6H_4-SO_2-N\begin{smallmatrix}H\\CH_3\end{smallmatrix}$

Wählen Sie bitte die zutreffende Aussagenkombination.

A. Nur 2 und 3 sind richtig
B. Nur 1, 2 und 4 sind richtig
C. Nur 1, 3 und 5 sind richtig
D. Nur 2, 4 und 5 sind richtig
E. Nur 3, 4 und 5 sind richtig

3.144   3.8.8.   Fragentyp A

Welche der angegebenen Reaktionen wird als Kupplungsreaktion bezeichnet?

A. $C_6H_5-N\equiv N\ Cl^{\ominus} + C_6H_6 + NaOH \rightarrow C_6H_5-C_6H_5 + N_2 + NaCl + H_2O$

B. $C_6H_5-CHO + HCN \rightarrow C_6H_5-\underset{H}{\overset{OH}{C}}-C\equiv N$

C. 2 [cyclopentadiene] ⟶ [dicyclopentadiene]

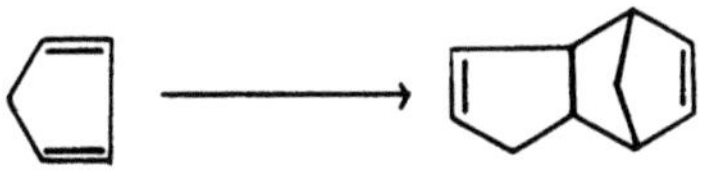

D. 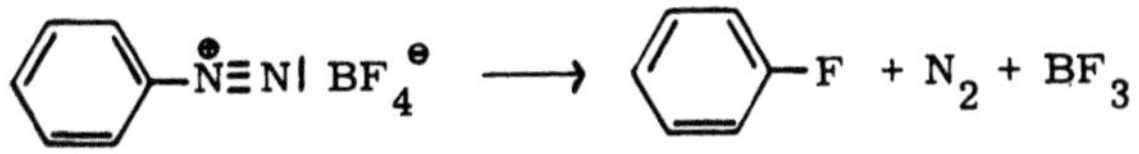 Ph–N≡N| BF$_4^\ominus$ ⟶ Ph–F + N$_2$ + BF$_3$

E. 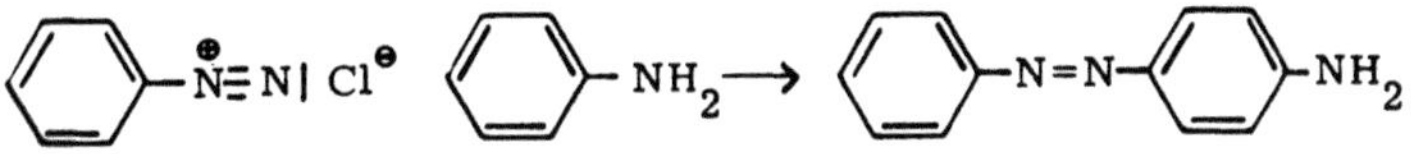 Ph–N≡N| Cl$^\ominus$ Ph–NH$_2$ ⟶ Ph–N=N–C$_6$H$_4$–NH$_2$

3.145 3.8.8 Fragentyp A

Unter der Sandmeyer-Reaktion versteht man die Umsetzung von

A. Diazomethan mit Säurechloriden
B. aromatischen Diazoniumsalzen mit Kupfer(I)-halogeniden
C. aromatischen Diazoniumsalzen mit Anilin
D. Diazoessigsäureethylester mit verdünnten Säuren
E. Diazomethan mit Carbonsäuren

3.146 3.9.1 Fragentyp A

Welche Zuordnung trifft nicht zu?

A. Pyrrol

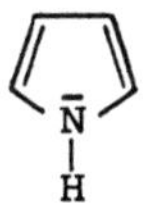

B. Pyridin

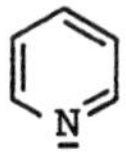

C. Histidin

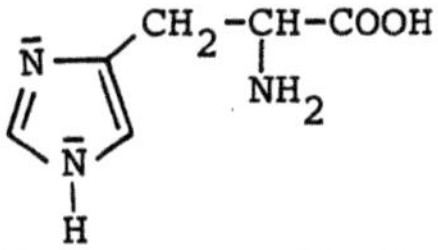

D. Imidazol

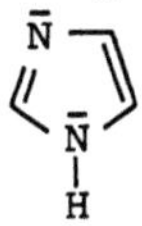

E. Purin

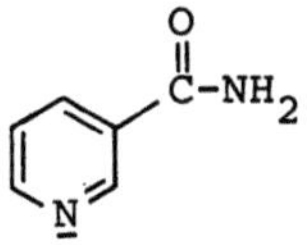

3.147   3.9.1   Fragentyp A

Welche Aussage trifft zu?
Bei einem Heterocyclus handelt es sich um eine Verbindung, die

A. neben C-Atomen nur noch ein N-Atom enthält
B. neben C-Atomen mehr als ein N-Atom enthält
C. neben C-Atomen Hetero-Atome in einem Ringgerüst enthält
D. oft als offene Kette vorliegt
E. immer ein aromatisches System von π-Bindungselektronen enthält

3.148   3.9.1   Fragentyp A

Welcher Heterocyclus ist <u>nicht</u> aromatisch?

A. Pyrrol

B. Imidazol

C. Purin

D. Tetrahydrofuran

E. Thiazol

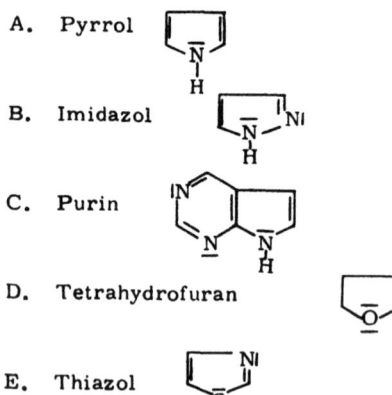

3.149   3.9.1   Fragentyp D

Bei welchen der folgenden Verbindungen handelt es sich um einen Heterocyclus?

1) 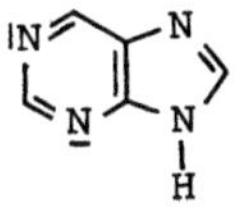 2) 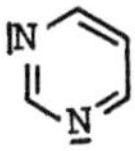 3)

4)  5)

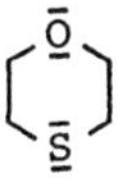

Wählen Sie bitte die zutreffende Aussagenkombination.

A. Nur 3 ist richtig
B. Nur 4 ist richtig
C. Nur 4 und 5 sind richtig
D. Nur 1, 2 und 3 sind richtig
E. Alle sind richtig

3.150   3.9.1   Fragentyp A

Welche Zuordnung trifft nicht zu?

A. Tetrahydro-
   furan

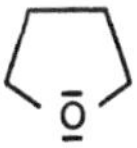

B. Tetrahydro-
   pyran

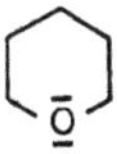

C. Pyrrol

D. Imidazol

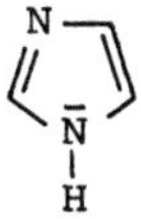

E. Pyridin

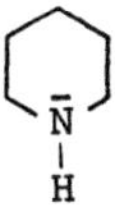

3.151   3.9.1   Fragentyp A

Welche Feststellung trifft nicht zu?

Morphin

enthält

A. einen Cyclohexenring
B. einen cyclischen Ether
C. eine tertiäre Aminogruppe
D. einen Cyclohexanring
E. eine phenolische OH-Gruppe

3.152   3.9.1   Fragentyp B

Ordnen Sie bitte den in Liste 1 gegebenen Substanznamen die richtige Strukturformel aus Liste 2 zu.

Liste 1

1) Pyrazin
2) Pyrimidin

Liste 2

A.

B.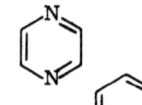

C.

D.

E.

3.153	3.9.1 3.10.7	Fragentyp A

Welche Angabe zu funktionellen Gruppen und zur Struktur der nachstehenden Verbindung trifft nicht zu?

A. Diphosphorsäurediester
B. Adenin, glykosidisch an Ribose gebunden
C. Säureamid
D. Primäre Aminogruppe
E. Indol als Heterocyclus

3.154	3.9.1 3.15.4	Fragentyp A

Welche Aussage trifft nicht zu?
Das abgebildete Molekül (Chinin) enthält

A. mindestens ein asymmetrisches C-Atom
B. eine Ethergruppierung
C. als Heterocyclus Pyrimidin
D. zwei tertiäre Aminogruppen
E. eine olefinische Doppelbindung

3.155   3.9.4
         3.15.4   Fragentyp A

Thiamin
(Vitamin B$_1$)

Welche Angabe zur Struktur bzw. den funktionellen Gruppen der vorstehenden Verbindung trifft nicht zu?

A. Thiazolrest
B. Primärer Alkohol
C. Sekundäres Amin
D. Dreifach substituierter Pyrimidinrest
E. Quartäre Ammoniumgruppe

3.156   3.9.3   Fragentyp A

Bei welcher der angegebenen Verbindungen handelt es sich um Thiophen?

A. [Benzol mit SH]

B.

C.

D. [Isothiazol-Ring]

E. [Diphenylsulfid]

3.157   3.10.1   Fragentyp A

Welche Oxidationszahl für C in den folgenden Verbindungen ist richtig angegeben?

A. CH_3-CH_3 : -4

B. 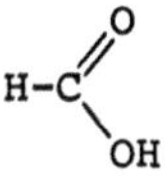 $H-C(=O)OH$: +1

C. CH_2O : 0

D. CH_3OH : -3

E. CH_4 : -2

3.158   3.10.1   Fragentyp B

Ordnen Sie bitte den Begriffen in Liste 1 die entsprechenden Strukturformeln aus Liste 2 zu.

Liste 1

1) Mehrwertiger Alkohol
2) Tertiärer Alkohol

Liste 2

A. 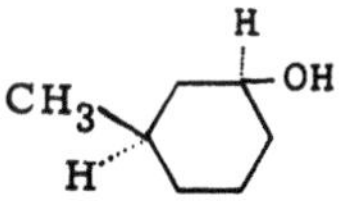 1-Methylcyclohexanol mit H und OH (cyclohexan mit CH_3, H, OH)

B. 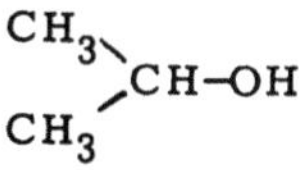 $(CH_3)_2CH-OH$

C. $CH_2-CH-CH_2$ mit OH OH OH an jedem C

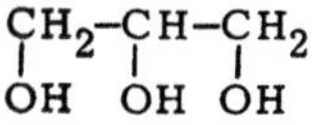

D. 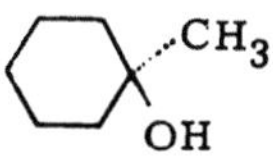 Cyclohexan mit CH_3 und OH am selben C

E. 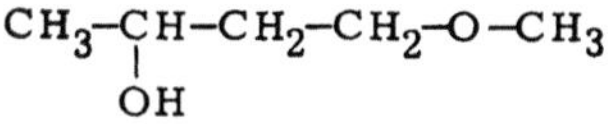 $CH_3-CH(OH)-CH_2-CH_2-O-CH_3$

3.159	3.10.1 3.10.10	Fragentyp D

Welche Feststellungen für die beiden Verbindungen

$\begin{matrix} CH_3 \\ \diagdown \\ CH-OH \\ \diagup \\ CH_3 \end{matrix}$ (I) und CH_3-CH_2-OH (II) treffen zu?

1) I und II sind Strukturisomere.
2) I kann zu einem Keton oxidiert werden.
3) Aus II entsteht bei der Oxidation Essigsäure.
4) I ist chiral und besitzt R-Konfiguration.
5) Aus I und II können unter Wasserabspaltung Ether dargestellt werden.

Wählen Sie bitte die zutreffende Aussagenkombination.

A. Nur 1 und 2 sind richtig
B. Nur 3 und 4 sind richtig
C. Nur 1, 4 und 5 sind richtig
D. Nur 2, 3 und 5 sind richtig
E. Alle Aussagen sind richtig

3.160	3.10.2	Fragentyp C

Alkohole haben tiefere Siedepunkte als die Alkane entsprechender Kettenlänge,

weil

Alkohole Wasserstoffbrückenbindungen ausbilden können.

3.161	3.10.2 3.12.2	Fragentyp C

Alkohole haben höhere Siedepunkte als Ether,

weil

nur Alkohole Wasserstoffbrückenbindungen ausbilden können.

3.162   3.10.4   Fragentyp A

Unter Glykolspaltung versteht man

A. die Umsetzung von Olefinen mit Ozon unter Bildung von Carbonylverbindungen
B. die Verseifung von Fetten zu Glycerin und Salzen der Fettsäuren
C. die Pyrolyse von Xanthogenaten (H-C-C-O-CSSR) unter Freisetzung von Olefinen
D. die Umsetzung von 1,2-Diolverbindungen mit Bleitetraacetat oder Periodsäure unter Bildung von Carbonylverbindungen
E. die Spaltung von β-Ketocarbonsäureestern unter Bildung von Carbonylverbindungen

3.163   3.10.5
             3.11.1   Fragentyp A

Welche Aussage trifft nicht zu?

CH_3-CH_2-OH (Phenol-OH) $CH_3-C(=O)-OH$

   I   II   III

A. II und III sind Broensted-Säuren.
B. I kann zu III oxidiert werden.
C. III dissoziiert leicht ein Proton ab, weil das entstehende Carboxylation durch Mesomerie stabilisiert ist.
D. I und II reagieren mit Säuren zu Estern.
E. I ist stärker sauer als II.

3.164   3.10.5 / 3.16.8   Fragentyp B

Ordnen Sie bitte den Begriffen in Liste 1 die entsprechende Reaktionsgleichung aus Liste 2 zu.

Liste 1

1) Glykolspaltung
2) Säurespaltung

Liste 2

A. $CH_3-\underset{H}{\underset{|}{\overset{HO}{\overset{|}{C}}}}-\underset{H}{\underset{|}{\overset{OH}{\overset{|}{C}}}}-CH_3 \quad \xrightarrow{Pb(OCOCH_3)_4} \quad 2\ CH_3-CHO$

B. $CH_3-CH\underset{O}{\overset{O-O}{\diagup\diagdown}}CH-CH_3 \quad \xrightarrow{H_2O} \quad 2\ CH_3-CHO$

C. $CH_3-\underset{O}{\overset{\|}{C}}-CH_2-COOCH_2CH_3 \quad \xrightarrow{H^{\oplus}} \quad CH_3-\underset{O}{\overset{\|}{C}}-CH_3 + CO_2 + CH_3CH_2OH$

D. $CH_3CH_2-\underset{O}{\overset{H}{\underset{|}{C}}}-\underset{CH_3}{\underset{|}{C}}-COOC_2H_5 \quad \xrightarrow{OH^{\ominus}} \quad 2\ CH_3CH_2COOH + C_2H_5OH$

E. $CH_3-\underset{O}{\overset{\|}{C}}-CH_3 \quad \xrightarrow{I_2/OH^{\ominus}} \quad CHI_3 + CH_3COOH$

3.165   3.10.6   Fragentyp A

Welche Aussage trifft zu?

Bei der Reaktion $R-CH_2-\underset{OH}{\underset{|}{CH}}-R' \longrightarrow R-CH=CH-R' + H_2O$

handelt es sich um eine

A. Dehydrierung
B. Eliminierung
C. elektrophile Substitution
D. Addition
E. radikalische Substitution

3.166   3.10.6   Fragentyp B

Ordnen Sie bitte jedem Reaktionstyp in Liste 1 das entsprechende Beispiel aus Liste 2 zu.

Liste 1

1) Eliminierung
2) Dehydratisierung

Liste 2

A. 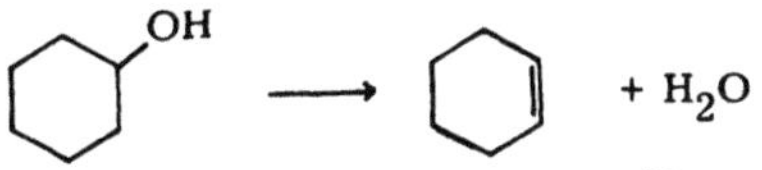 Cyclohexanol $\longrightarrow$ Cyclohexen + H_2O

B. 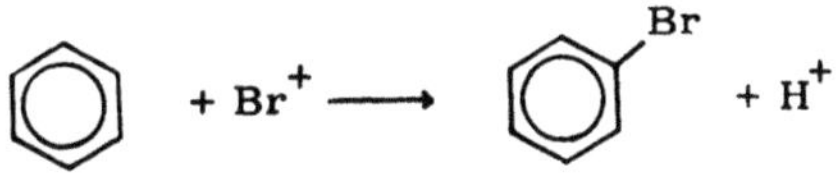 Benzol + Br^+ $\longrightarrow$ Brombenzol + H^+

C. 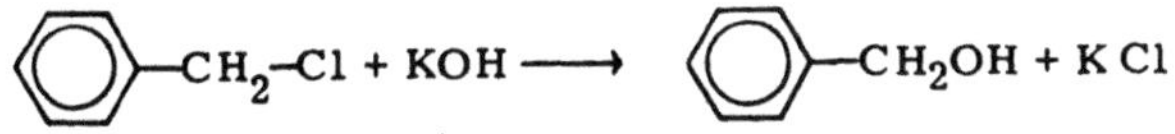 $C_6H_5\text{-}CH_2\text{-}Cl + KOH \longrightarrow C_6H_5\text{-}CH_2OH + KCl$

D. $3\ CH_3OH + Cr_2O_7^{2-} + 8\ H^+ = CH_2O + 2\ Cr^{3+} + 7\ H_2O$

E. $CH_3CHO + 2\ CH_3OH \xrightarrow{(H^+)} CH_3\text{-}CH(OCH_3)_2 + H_2O$

3.167   3.10.7 / 3.14.16   Fragentyp B

Ordnen Sie bitte den Namen in Liste 1 die passenden Beispiele aus Liste 2 zu.

Liste 1

1) Peptid
2) Phosphorsäureester

Liste 2

A. $\begin{array}{l} CH_2-O-\overset{O}{\underset{\|}{C}}-C_{17}H_{35} \\ CHOH \\ CH_2OH \end{array}$

B. $\begin{array}{l} CH_2-O-\overset{O}{\underset{\|}{C}}-C_{17}H_{33} \\ CH-O-\overset{O}{\underset{|\underline{O}|^{\ominus}}{P}}-O-CH_2-CH_2-\overset{\oplus}{N}(CH_3)_3 \\ CH_2-O-\underset{\|}{C}-C_{15}H_{31} \\ O \end{array}$

C. $C_6H_5-\overset{O}{\underset{\|}{P}}(=O)-OH$ (Phenyl-P(=O)(OH) with double bond O)

D. $CH_3-CH_2-C\overset{\displaystyle O}{\underset{\displaystyle NH-CH_2-CH_3}{\diagup\diagdown}}$

E. $HS-CH_2-\underset{COOH}{CH}-NH-\underset{O}{\overset{\|}{C}}-CH_2-NH_2$

3.168   3.10.8   Fragentyp A

Welche Aussage trifft **nicht** zu?

A. Bei der sauren Esterhydrolyse ist immer eine gewisse Menge Ester im Gleichgewicht vorhanden.
B. Bei der alkalischen Esterhydrolyse entsteht das Salz der Säure.
C. Bei der alkalischen Esterhydrolyse wird pro Mol Ester ein Mol Alkali verbraucht.
D. Die alkalische Esterhydrolyse ist irreversibel.
E. Bei der sauren Esterhydrolyse wird pro Mol Ester ein Mol Säure verbraucht.

3.169 3.10.9 Fragentyp B

Ordnen Sie bitte den in Liste 1 angegebenen Bezeichnungen die entsprechende Strukturformel aus Liste 2 zu.

Liste 1

1) Oxoniumion
2) Carboniumion

Liste 2

A. $\overset{\ominus}{C}H_2-\underset{\underset{O}{\|}}{C}-CH_3$

B. $CH_3-\overset{\oplus}{\underset{\underset{CH_3}{|}}{C}H}$

C. $CH_3-\overset{\oplus}{\underset{\underset{H}{|}}{O}}-H$

D. $H-\overline{\underline{O}}-\overline{\underline{O}}-H$

E. $CH_3-\overset{\oplus}{C}\overset{\nearrow O_{\ominus}}{\underset{H}{\searrow}}$

3.170 3.10.10 Fragentyp A

Für die stöchiometrischen Faktoren bei nachfolgender Oxidationsreaktion gilt

$$s\ R-CH_2-OH + t\ O_2 \longrightarrow u\ R-C\overset{O}{\underset{H}{\diagdown}} + v\ H_2O$$

A. s = u
B. v < u
C. u < s
D. t > v
E. v > s

3.171 3.10.10 Fragentyp C

Tertiäre Alkohole lassen sich leicht zu Ketonen oxidieren,

weil

tertiäre Alkohole ein niedriges Oxidationspotential haben.

3.172   3.10.10   Fragentyp A

Welche der folgenden Gleichungen beschreibt die Oxidation von Propan-2-ol richtig?

A. $CH_3-\underset{OH}{\underset{|}{CH}}-CH_3 \longrightarrow CH_3-\underset{O}{\overset{\|}{C}}-CH_3 + 2\,e^- + 2H^+$

B. $CH_3-\underset{OH}{\underset{|}{CH}}-CH_3 + 2\,e^- \longrightarrow CH_3-\underset{O}{\overset{\|}{C}}-CH_3 + 2H^+$

C. $CH_3-\underset{OH}{\underset{|}{CH}}-CH_3 + 2\,e^- + 2H^+ \longrightarrow CH_3-\underset{O}{\overset{\|}{C}}-CH_3$

D. $2\,CH_3-\underset{OH}{\underset{|}{CH}}-CH_3 \longrightarrow \underset{H_3C}{\overset{H_3C}{>}}CH-O-CH\overset{CH_3}{\underset{CH_3}{<}} + H_2O$

E. $2\,CH_3-\underset{OH}{\underset{|}{CH}}-CH_3 \longrightarrow \underset{H_3C}{\overset{H_3C}{>}}CH-O-O-CH\overset{CH_3}{\underset{CH_3}{<}} + 2H^+ + 2\,e^-$

3.173   3.10.10   Fragentyp C

Iodoform kann durch Zugabe von Iod zu einer Lösung von Ethanol in Natronlauge hergestellt werden,

<u>weil</u>

Ethanol als primärer Alkohol zum Aldehyd oxidiert werden kann.

3.174   3.10.10 / 3.13.4   Fragentyp A

Welche Aussage trifft <u>nicht</u> zu?

A. Die Verbindungen Ethanol, Acetaldehyd und Essigsäure können durch Redoxreaktionen ineinander überführt werden.
B. Aceton kann zu Propanol-2 reduziert werden.
C. Brenztraubensäure kann zu Milchsäure reduziert werden.
D. Formaldehyd kann durch Dehydrierung von Methanol hergestellt werden.
E. Propanol läßt sich leicht zu Glyoxylsäure oxidieren.

3.175   3.11.1   Fragentyp A

Welche Aussage trifft nicht zu?
Phenole

A. können zu Chinonen oxidiert werden
B. sind stärker sauer als aliphatische Alkohole
C. bilden mit Carbonsäuren Ester
D. sind schwerer als Benzol durch Elektrophile substituierbar
E. bilden ein mesomeriestabilisiertes Phenolat-Anion

3.176   3.11.1   Fragentyp C

Eine wäßrige Lösung von Phenol reagiert sauer,

weil

Phenol durch Dissoziation des Protons an der OH-Gruppe in das mesomeriestabilisierte Phenolatanion übergeht.

3.177   3.11.1   Fragentyp C

Phenol ist eine stärkere Säure als Ethanol,

weil

Ethanolmoleküle untereinander H-Brückenbindungen ausbilden.

3.178   3.11.2
        3.11.5   Fragentyp A

Welche Aussage trifft nicht zu?

I: 1,3-Dihydroxybenzol (Resorcin)
II: 1,2-Dihydroxybenzol (Brenzcatechin)

A. I und II enthalten je sechs π-Elektronen.
B. In I stehen die Substituenten in meta-Stellung zueinander.
C. I kann zu Benzochinon oxidiert werden.
D. II entsteht bei der Reduktion von o-Benzochinon.
E. I und II sind Stellungsisomere.

3.179   3.11.3   Fragentyp D

Bei welchen der angegebenen Umsetzungen kann Phenol entstehen?

1) $C_6H_5\text{-}SO_3^{\ominus}\ Na^{\oplus} \xrightarrow[\text{Schmelze}/300°]{\text{NaOH}}$

2) $C_6H_5\text{-}CH_3 \xrightarrow{KMnO_4}$

3) $C_6H_5\text{-}Cl \xrightarrow[\text{Cu}]{\text{NaOH}}$

4) $C_6H_5\text{-}CH(CH_3)_2 \xrightarrow{O_2}$

5) $C_6H_5\text{-}N{\equiv}N\ Cl^{\ominus} \xrightarrow[\Delta]{H_2O}$

Wählen Sie bitte die zutreffende Aussagenkombination.

A. Nur 3 und 5 sind richtig
B. Nur 1, 2 und 5 sind richtig
C. Nur 1, 4 und 5 sind richtig
D. Nur 2, 3 und 5 sind richtig
E. Nur 1, 3, 4 und 5 sind richtig

	3.11.4	
3.180	3.11.5	Fragentyp D

Welche der folgenden Verbindungen können durch Oxidation in Chinone überführt werden?

1)  [1,4-Dihydroxybenzol] 2) [1,2-Cyclohexandiol] 3) [1,4-Dihydroxy-2-methoxynaphthalin]

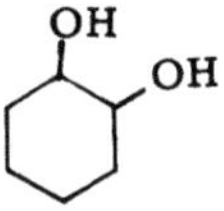

4) [1,2-Dihydroxybenzol] 5) 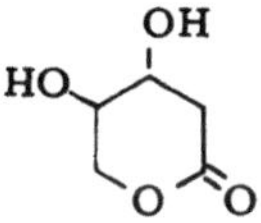 [Lacton mit OH und HO-Substituenten]

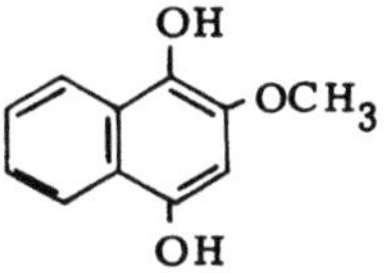

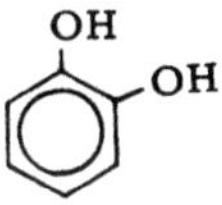

Wählen Sie bitte die zutreffende Aussagenkombination.

A. Nur 3 ist richtig
B. Nur 1 und 4 sind richtig
C. Nur 2 und 5 sind richtig
D. Nur 1, 2 und 4 sind richtig
E. Nur 1, 3 und 4 sind richtig

3.181   3.11.5   Fragentyp A

Für die Faktoren x und y bei der Reaktion

[Chinon] + x H$^\oplus$ + y e$^\ominus$ ⇌ [Hydrochinon] gilt

A. x = 1, y = 2
B. x = y = 2
C. x = 1, y = 0
D. x = 1, y = 1
E. x = 2, y = 1

3.182   3.11.5   Fragentyp A

Wie groß ist das Potential des Redoxpaares Chinon (0,01 molar)/Hydrochinon (1 molar) bei pH = 9?

Nernstsche Gleichung: $E = E^{\circ} + \dfrac{0.06}{n} \cdot \lg \dfrac{[Ox]}{[Red]}$

($E^{\circ} = 0,7$ Volt)

A. -1.0 V
B. -0.5 V
C. 0.0 V
D. 0.1 V
E. 1.0 V

3.183   3.11.5   Fragentyp A

Welche Feststellung trifft zu?
Das wesentliche Strukturmerkmal eines Chinons ist/sind

A. eine Carbonylgruppe
B. eine in Konjugation mit einer Doppelbindung stehende Carbonylgruppe
C. eine in Konjugation mit zwei Doppelbindungen stehende Carbonylgruppe
D. zwei in Konjugation mit einer Doppelbindung stehende Carbonylgruppen
E. zwei in cyclischer Konjugation miteinander stehende Carbonylgruppen

3.184 3.11.5 Fragentyp C

Das Redoxpotential von Chinonen wird durch OH- und OCH_3-Substituenten erhöht,

weil

OH- oder OCH_3-Substituenten Elektronen in das chinoide System abgeben.

3.185 3.12.1 Fragentyp A

Welche Aussage trifft zu?
Im Vergleich zu den entsprechenden Alkoholen

A. haben Ether einen höheren Siedepunkt
B. sind Ether in Wasser schlechter löslich
C. sind Ether reaktionsfähiger
D. bilden Ether leichter Wasserstoffbrücken aus
E. sind Ether gegenüber Oxidationsmitteln empfindlicher

3.186 3.12.1 Fragentyp C

Diethylether ist mit Wasser gut mischbar,

weil

Wasser Wasserstoffbrücken ausbildet.

3.187 3.12.1 / 3.12.3 Fragentyp D

Welche Aussagen über Ether treffen zu?

1) Ether sind leichter flüchtig als Alkohole, weil sie keine Wasserstoffbrücken bilden können.
2) Sie bilden mit starken Säuren Oxoniumsalze.
3) Durch Autoxidation entstehen aus Ethern Peroxide.
4) Ether können mit Iodwasserstoff gespalten werden.
5) Ether können durch Umsetzung von Alkylhalogeniden mit Natrium hergestellt werden.

Wählen Sie bitte die zutreffende Aussagenkombination.

A. Nur 1 und 3 sind richtig
B. Nur 3 und 5 sind richtig
C. Nur 1, 2 und 5 sind richtig
D. Nur 3, 4 und 5 sind richtig
E. Nur 1, 2, 3 und 4 sind richtig

3.188 3.12.1 / 3.13.5 Fragentyp B

Ordnen Sie bitte den Namen in Liste 1 die entsprechenden Beispiele aus Liste 2 zu.

Liste 1

1) Ether
2) Acetal

Liste 2

A. $CH_3-CH_2-O-\overset{O}{\underset{\|}{C}}-CH_3$

B. $CH_3-CH_2-O-\underset{CH_3}{\overset{CH_3}{C}}-CH_2-OH$

C. $CH_3-\underset{OCH_3}{\overset{H}{C}}-OCH_3$

D. $CH_3-CH_2-\overset{O}{\underset{\|}{C}}-CH_3$

E. (Tetrahydropyran-2-on, δ-Valerolacton)

3.189   3.13.2   Fragentyp A

Ordnen Sie bitte die folgenden Verbindungen nach fallender CH-Acidität der zur Carbonylgruppe α-ständigen CH_2-Gruppe.

1) 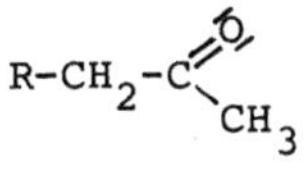 $R-CH_2-C\overset{\displaystyle O}{\underset{\displaystyle CH_3}{}}$

2) $R-CH_2-C\overset{\displaystyle O}{\underset{\displaystyle H}{}}$

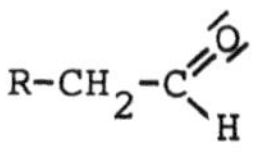

3) $R-CH_2-C\overset{\displaystyle O}{\underset{\displaystyle \bar{O}R}{}}$

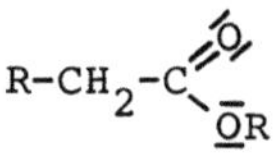

4) 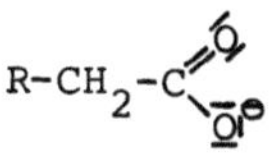 $R-CH_2-C\overset{\displaystyle O}{\underset{\displaystyle \bar{O}^{\ominus}}{}}$

A. 1, 3, 4, 2
B. 3, 1, 2, 4
C. 2, 1, 3, 4
D. 4, 2, 3, 1
E. 1, 4, 2, 3

3.190   3.13.2   Fragentyp A

Aldehyde kann man von Ketonen am einfachsten unterscheiden durch

A. Oxidation mit $KMnO_4$
B. Reaktion mit Tollens Reagenz
C. Umsetzung mit Phenylhydrazin
D. Anlagerung von Wasser
E. Umsetzung mit Hydroxylamin

3.191 3.13.2 Fragentyp A

Welche Reihenfolge steigender Reaktivität trifft zu?

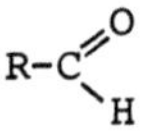

$R-C\begin{smallmatrix}O\\H\end{smallmatrix}$ $R-C\begin{smallmatrix}O\\CH_3\end{smallmatrix}$ $R-C\begin{smallmatrix}O\\\bar{\underline{O}}^{\ominus}\end{smallmatrix}$

1 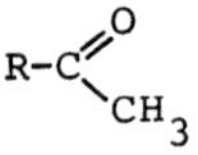 2 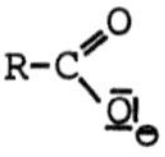 3

$R-C\begin{smallmatrix}O\\OH\end{smallmatrix}$ $R-C\begin{smallmatrix}O\\Cl\end{smallmatrix}$

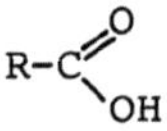

4 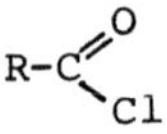 5

A. 1 < 2 < 3 < 4 < 5
B. 3 < 4 < 2 < 1 < 5
C. 2 < 1 < 3 < 4 < 5
D. 4 < 3 < 2 < 5 < 1
E. 3 < 4 < 1 < 2 < 5

3.192 3.13.2 Fragentyp A

Welche der folgenden Verbindungen ergibt bei der Oxidation einen Aldehyd?

A. $CH_3-CH_2-CH_2-OH$

B. $CH_3-\underset{OH}{CH}-CH_2-CH_3$

C. $CH_3-\underset{CH_3}{\overset{CH_3}{C}}-OH$

D.  Cyclohexanon

E. 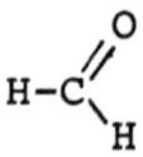 $H-C\begin{smallmatrix}O\\H\end{smallmatrix}$

3.193 3.13.4 Fragentyp D

Bei welcher der angegebenen Reaktionen entsteht ein Keton oder ein Aldehyd?

1) $CH_3-\underset{\underset{O}{\|}}{C}-CH_2-C\overset{O}{\underset{OC_2H_5}{\diagdown}} \xrightarrow{H^{\oplus}}$

2) ⌬ + $CH_3-C\overset{O}{\underset{Cl}{\diagdown}} \xrightarrow{AlCl_3}$

3) $CH_3-\underset{\underset{H}{|}}{\overset{\overset{H}{|}}{C}}-\underset{\underset{H}{|}}{\overset{\overset{OH}{|}}{C}}-CH_3 \xrightarrow{NaIO_4}$

4) $CH_3-CH_2-C\overset{O}{\underset{OC_2H_5}{\diagdown}} \xrightarrow{LiAlH_4}$

5) $CH_3-\underset{\underset{O}{\|}}{C}-CH_2-C\overset{O}{\underset{OC_2H_5}{\diagdown}} \xrightarrow{^{\ominus}|\bar{\underline{O}}-CH_2CH_3}$

Wählen Sie bitte die zutreffende Aussagenkombination.

A. Nur 1 und 4 sind richtig
B. Nur 1 und 5 sind richtig
C. Nur 1, 2 und 3 sind richtig
D. Nur 2, 3 und 4 sind richtig
E. Nur 1, 2, 3 und 5 sind richtig

3.194 3.13.5 Fragentyp A

Welche Aussage trifft <u>nicht</u> zu?
Acetaldehyd kann

A. mit sich selbst zu Acetaldol reagieren
B. zu Essigsäure oxidiert werden
C. mit 2,4-Dinitrophenylhydrazin ein Hydrazon bilden
D. als Nucleophil bei einer Aldolreaktion verwendet werden
E. nur sehr schwer wieder zu dem entsprechenden Alkohol reduziert werden

3.195   3.13.5   Fragentyp C

In einer Carbonylgruppe ist das C-Atom das Zentrum für einen nucleophilen Angriff,

weil

das Kohlenstoffatom elektropositiver ist als das Sauerstoffatom.

3.196   3.13.5   Fragentyp B

Ordnen Sie bitte den in Liste 1 angegebenen Nucleophilen das entsprechende Reaktionsprodukt mit einer Carbonylgruppe in Liste 2 zu.

Liste 1

1) Semicarbazid
2) Hydrazin

Liste 2

A. $>\!\!C=\bar{N}OH$

B. $>\!\!C=\bar{N}-NH-\underset{\underset{O}{\|}}{C}-NH_2$

C. $>\!\!C=\bar{N}-NH_2$

D. $>\!\!C=\bar{N}-NH-C_6H_5$

E. $>\!\!\underset{\underset{OH}{|}}{C}-C\equiv N|$

3.197   3.13.5   Fragentyp A

Die Verbindung $CH_3-CH=\underline{N}-\!\!\bigcirc$ entsteht bei der Umsetzung von

A. Ethylchlorid mit Anilin

B. Acetaldehyd mit Phenylhydrazin

C. Essigsäurechlorid und Anilin

D. Acetaldehyd und Anilin

E. Essigsäureamid und Chlorbenzol

3.198   3.13.5   Fragentyp A

Welche der folgenden Verbindungen entsteht, wenn man Dimethylamin mit Benzoylchlorid umsetzt?

A. 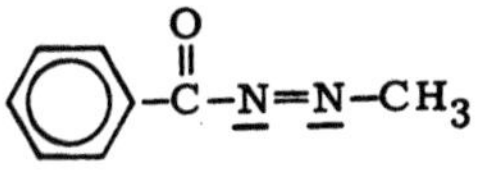 C₆H₅–C(=O)–N=N–CH₃

B. 3-(N(CH₃)₂)-C₆H₄–C(=O)–Cl

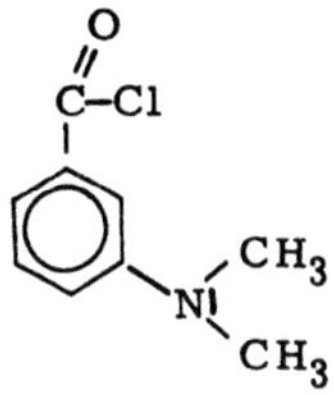

C. C₆H₅–C(=O)–N(CH₃)₂

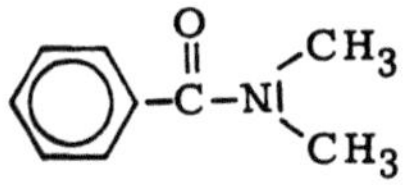

D. 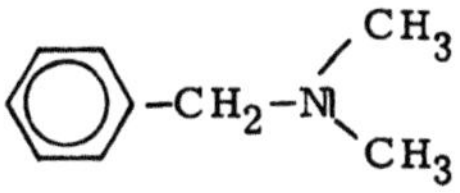 C₆H₅–CH₂–N(CH₃)₂

E. 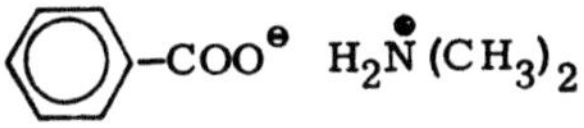 C₆H₅–COO⁻ H₂N⁺(CH₃)₂

3.199   3.13.5   Fragentyp A

Die Verbindung CH₃–CH=NH–C₆H₅ entsteht durch Umsetzung von

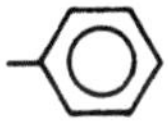

A. Aceton und Phenylhydrazin
B. Acetylchlorid und Phenylhydrazin
C. Acetaldehyd und Phenylhydrazin
D. Acetamid und Anilin
E. Acetaldehyd und Anilin

3.200 3.13.5 Fragentyp A

Bei der Verbindung $CH_3-CH=\bar{N}-CH_3$ handelt es sich um ein

A. Oxim
B. Azomethin
C. Hydrazon
D. Enamin
E. Aminal

3.201 3.13.5 Fragentyp A

Verbindungen der Struktur

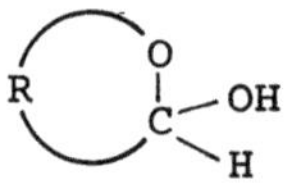

$$R\underset{}{\diagdown}\overset{O}{\underset{H}{C}}-OH$$

bezeichnet man als

A. Ether
B. Halbacetale
D. Ester
D. Lactone
E. Ketale

3.202 3.13.5 Fragentyp B

Ordnen Sie bitte den in Liste 1 angegebenen Begriffen die richtigen Beispiele aus Liste 2 zu.

Liste 1

1) Halbacetal
2) Vollacetal

Liste 2

A. 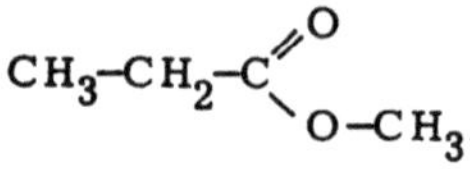 $CH_3-CH_2-C\overset{O}{\underset{O-CH_3}{\diagdown}}$

B. 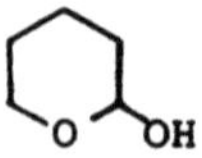 Tetrahydropyran-2-ol (Ring mit O und OH)

C. δ-Valerolacton (Ring mit O und C=O)

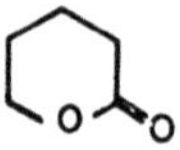

D. 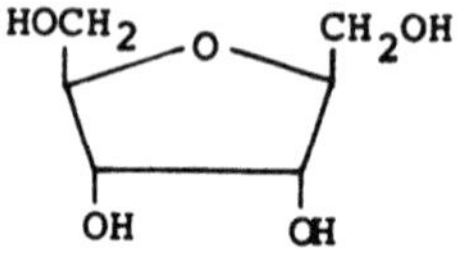 Furanose (Ring mit HOCH$_2$, O, CH$_2$OH, OH, OH)

E. 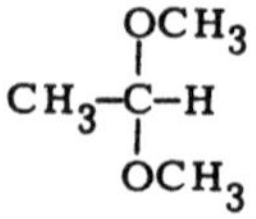 $CH_3-\underset{OCH_3}{\overset{OCH_3}{C}}-H$

3.203   3.13.5   Fragentyp D

Bei der Reaktion von Acetaldehyd mit Phenylhydrazin

1) wird die Carbonylgruppe am positivierten C-Atom vom Nucleophil angegriffen
2) wird die Aldehydgruppe zur Säure oxidiert
3) handelt es sich um eine nucleophile Additionsreaktion
4) wird unter Freisetzung von Wasser ein Hydrazon gebildet
5) handelt es sich um eine Aldoladdition

Wählen Sie bitte die zutreffende Aussagenkombination.

A. Nur 1 und 4 sind richtig
B. Nur 1 und 5 sind richtig
C. Nur 3 und 4 sind richtig
D. Nur 1, 2 und 5 sind richtig
E. Nur 1, 3 und 4 sind richtig

3.204   3.13.5   Fragentyp A

Welche Aussage trifft <u>nicht</u> zu?
Bei den nachfolgenden Reaktionen sind die entstehenden
Produkte mit ihrem allgemeinen Namen genannt:

A. $CH_3-C(=O)H$ + 2 CH_3OH ⟶ Acetal

B. $(CH_3)_2C=O$ + HCN ⟶ Cyanhydrin

C. $CH_3-C(=O)H$ + $H_2N-C(=O)-NH-NH_2$ ⟶ Hydrazon

D. $(CH_3)_2C=O$ + H_2NOH ⟶ Oxim

E. $CCl_3-C(=O)H$ + H_2O ⟶ Aldehydhydrat

3.205   3.13.5   Fragentyp A

Bei welcher der angegebenen Verbindungen handelt es sich
um ein Enamin?

A. $CH_2=CH-CH_2-N(CH_3)_2$ D. $CH_2=CH-N=N-CH_3$
B. $CH_2=CH-N(CH_3)_2$ E. $CH_2=CH-CH_2-\overset{\oplus}{N}(CH_3)_3 Cl^{\ominus}$

C. $CH_2=CH-C(=O)N(CH_3)_2$

3.206 3.13.5 Fragentyp A

Die Gruppierung $\begin{matrix}R\\R\end{matrix}\!\!>\!\!C=\bar{N}\text{-}OH$ trifft zu für

A. eine Azogruppe
B. ein Azomethin
C. eine Diazogruppe
D. ein Oxim
E. eine Amidgruppe

3.207 3.13.7 Fragentyp A

Welche der angegebenen Verbindungen ist das Reaktionsprodukt einer Mannichreaktion mit Acetophenon als H-acider Komponente?

A. C_6H_5-CH=CH-CH_2-N$(CH_3)_2$

B. C_6H_5-C(=O)-CH_2-CH_3

C. C_6H_5-C(=O)-CH_2-CHO

D. C_6H_5-C(CH_3)=N-CH_3

E. C_6H_5-C(=O)-CH_2-CH_2-N$(CH_3)_2$

3.208 3.13.7 Fragentyp A

Das Endprodukt einer Perkinsynthese mit Benzaldehyd als Carbonylkomponente ist:

A. C_6H_5-C(=O)-CH_2-COOH
B. C_6H_5-CH=CH-NH-CH_3
C. C_6H_5-CH=CH-COOH
D. C_6H_5-CH=CH-CHO
E. C_6H_5-CH=CH-CH_2-OH

3.209 3.13.7 Fragentyp A

Bei welcher der angegebenen Reaktionen entsteht ein Aldolkondensationsprodukt?

A. $2\ CH_3\text{-}CHO \xrightarrow{OH^\ominus} CH_3\text{-}CH\text{=}CH\text{-}CHO$

B. $CH_3CH_2\text{-}CHO + HN(CH_3)_2 \longrightarrow CH_3\text{-}CH\text{=}CH\text{-}N(CH_3)_2 + H_2O$

C. $CH_3\text{-}\underset{O}{\overset{\|}{C}}\text{-}CH_3 + 2\ C_2H_5OH \xrightarrow{H^\oplus} CH_3\text{-}\underset{CH_3}{\overset{OC_2H_5}{\underset{|}{\overset{|}{C}}}}\text{-}O\text{-}C_2H_5 + H_2O$

D. $CH_3\text{-}\underset{O}{\overset{\|}{C}}\text{-}CH_3 + HCN \longrightarrow CH_3\text{-}\underset{CN}{\overset{OH}{\underset{|}{\overset{|}{C}}}}\text{-}CH_3$

E. $2\ C_6H_5\text{-}CHO \xrightarrow{OH^\ominus} C_6H_5\text{-}CH_2OH + C_6H_5\text{-}COOH$

3.210 3.13.7 Fragentyp D

Die Verbindung $CH_3\text{-}\underset{}{\overset{O}{\overset{\|}{C}}}\text{-}CH_2\text{-}\underset{CH_3}{\overset{OH}{\underset{|}{\overset{|}{C}}}}\text{-}CH_3$

1) ist ein Aldoladditionsprodukt
2) wurde aus Aceton und Acetaldehyd (Molverhältnis 1:1) hergestellt
3) enthält eine tertiäre OH-Gruppe
4) kann unter Ausbildung einer Doppelbindung Wasser abspalten
5) enthält ein asymmetrisches C-Atom

Wählen Sie bitte die zutreffende Aussagenkombination.

A. Nur 1 und 3 sind richtig
B. Nur 2 und 4 sind richtig
C. Nur 1, 3 und 4 sind richtig
D. Nur 2, 4 und 5 sind richtig
E. Alle Aussagen sind richtig

3.211   3.13.7   Fragentyp A

Welche Feststellung trifft zu?

Bei der Reaktion 2 $CH_3-C\overset{O}{\underset{H}{\diagdown}}$ $\xrightarrow[-H_2O]{(OH^-)}$ $\overset{O}{\underset{H}{\diagdown}}C-CH=CH-CH_3$

handelt es sich um eine

A. Polymerisation
B. Aldolkondensation
C. Dehydrierung
D. Oxidation
E. elektrophile Substitution

3.212   3.13.7   Fragentyp A

Welche Aussage über die folgende Reaktion trifft <u>nicht</u> zu?

$\underset{R}{\overset{R}{\diagdown}}C=N\diagdown_{OH} \longrightarrow \underset{R}{\overset{R}{\diagdown}}C=N\diagdown_{\overset{\oplus}{OH_2}} \longrightarrow \underset{O}{\overset{R}{\diagdown}}C-N\diagdown_{\underset{R}{\overset{H}{}}}$

A. Sie wird Beckmann-Umlagerung genannt.
B. Sie wird durch saure Reagentien katalysiert.
C. Im ersten Reaktionsschritt wird der Kohlenstoff protoniert.
D. Im Verlauf der Reaktion wird ein Carboniumion gebildet.
E. Sie ermöglicht die Umwandlung eines Ketoxims in ein Säureamid.

3.213   3.13.7   Fragentyp B

Ordnen Sie bitte den in Liste 1 angegebenen Reaktionen die entsprechende Gleichung aus Liste 2 zu.

Liste 1

1) Mannich-Reaktion
2) Perkin-Synthese

Liste 2

A. Indol $+ CH_2O + HN(CH_3)_2 \xrightarrow{-H_2O}$ 3-(Dimethylaminomethyl)indol

B. $C_6H_5-\underset{O}{\underset{\|}{C}}-\underset{O}{\underset{\|}{C}}-C_6H_5 \xrightarrow{OH^\ominus} C_6H_5-\underset{OH}{\underset{|}{\overset{C_6H_5}{\overset{|}{C}}}}-COOH$

C. $2\ C_6H_5-CHO \xrightarrow{OH^\ominus} C_6H_5-CH_2OH + C_6H_5-COOH$

D. $C_6H_5-CHO + CH_3-\underset{O}{\underset{\|}{C}}-O-\underset{O}{\underset{\|}{C}}-CH_3 \xrightarrow[-CH_3COOH]{-H_2O} C_6H_5-CH=CH-COOH$

E. $CH_3-CH_2-\underset{O}{\underset{\|}{C}}-CH_3 + HN(CH_3)_2 \xrightarrow{-H_2O}$
$CH_3-CH=C{<}\underset{CH_3}{\overset{N(CH_3)_2}{}}$

3.214 3.13.7 Fragentyp D

Welche der folgenden Verbindungen sind Aldolkondensationsprodukte?

1) $CH_3-CH=CH-\overset{O}{\underset{\|}{C}}-CH_3$

2) $\langle O \rangle-CH=N-\langle O \rangle$

3) $\langle O \rangle-CH=CH-\overset{O}{\underset{\|}{C}}-CH_3$

4) $CH_3-CH=CH-\langle O \rangle$

5) $\langle O \rangle-CH=\bar{N}-\bar{N}H-\langle O \rangle$

Wählen Sie bitte die zutreffende Aussagenkombination.

A. Keine der angegebenen Verbindungen
B. Nur 1 und 3 sind richtig
C. Nur 1 und 4 sind richtig
D. Nur 2 und 5 sind richtig
E. Nur 1, 2 und 4 sind richtig

3.215 3.13.7 Fragentyp A

Welche Antwort ist richtig?
Bei der Aldolkondensation

$X + \langle O \rangle-C\overset{O}{\underset{H}{\diagdown}} \longrightarrow CH_3-\overset{O}{\underset{\|}{C}}-CH=CH-\langle O \rangle + H_2O$

besitzt die Ausgangsverbindung X die Strukturformel

A. $CH_3-C\overset{OH}{\underset{O}{\diagdown}}$

B. $CH_3-\overset{O}{\underset{\|}{C}}-CH_3$

C. $CH_3-\overset{O}{\underset{\|}{C}}-COOH$

D. $CH_3-C\overset{O}{\underset{H}{\diagdown}}$

E. CH_3-CH_2-OH

3.216   3.13.9
        3.13.13   Fragentyp B

Welche der Reaktionen in Liste 2 führt zu den Verbindungen in Liste 1

Liste 1

1) $C_6H_5-\underset{O}{\underset{\|}{C}}-\underset{OH}{\underset{|}{CH}}-C_6H_5$

2) C_6H_5-COOH

Liste 2

A. $C_6H_5-CHO \xrightarrow{I_2/NaOH}$

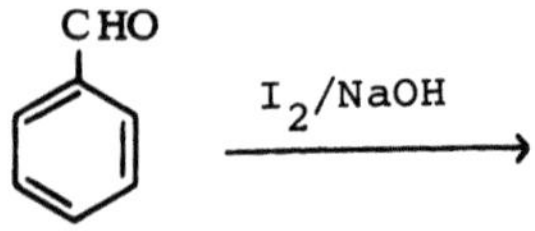

B. $C_6H_5-CHO \xrightarrow{CN^{\ominus}}$

C. $C_6H_5-CHO \xrightarrow{NaOH}$

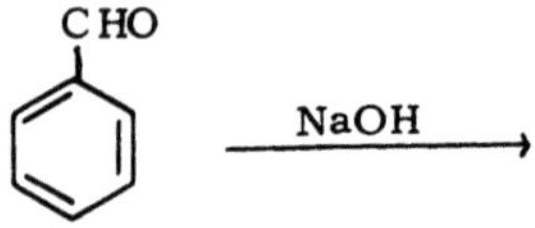

D. $C_6H_5-CHO \xrightarrow{H_2}$

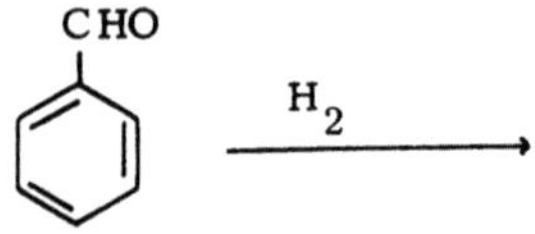

E. $C_6H_5-CHO \xrightarrow{Na}$

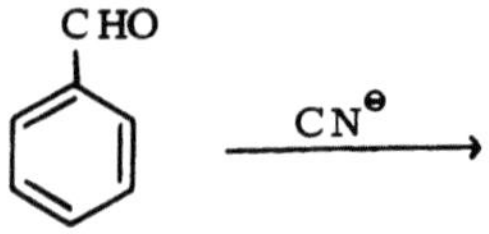

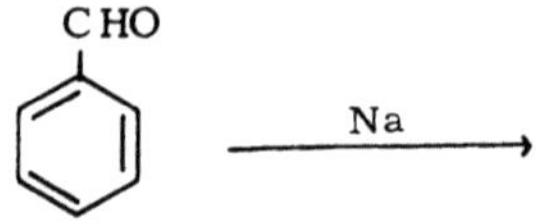

3.217   3.13.10   Fragentyp A

Welche Aussage trifft <u>nicht</u> zu?
Bei der Meerwein-Ponndorf-Verley-Reduktion in Aluminium-
triisopropylat/Isopropanol

A. wird ein Keton zu einem sekundären Alkohol reduziert
B. wird ein Hydridion vom Aluminiumisopropylatrest auf das Keton übertragen
C. entsteht aus der Isopropylatgruppe Aceton
D. handelt es sich um eine irreversible Reaktion
E. wird der gebildete Alkohol in einer Gleichgewichtsreaktion durch das in großer Menge vorhandene Isopropanol in Freiheit gesetzt

3.218   3.13.11   Fragentyp A

Welche Aussage trifft zu?
Bei dem Vorgang

$$CH_3-\underset{\underset{|O|}{\|}}{C}-CH_2-\underset{\underset{|O|}{\|}}{C}-OCH_2CH_3 \rightleftharpoons CH_3-\underset{OH}{\underset{|}{C}}=CH-\underset{\underset{|O|}{\|}}{C}-OCH_2CH_3$$

handelt es sich um eine

A. Dissoziation
B. Oxidation
C. Keto-Enol-Tautomerie
D. Verseifung
E. Dehydrierung

3.219 3.13.14 Fragentyp D

Welche der folgenden Verbindungen können zu einem primären Alkohol reduziert werden?

1) $H-C\overset{O}{\underset{OH}{\diagdown}}$

2) $CH_3-CH_2-C\equiv N|$

3) $C_6H_5-\overset{O}{\underset{\|}{C}}-CH_3$ (Acetophenon)

4) Cyclohexan-1,2-dion

5) $\overset{CH_3}{\underset{CH_3}{\diagup}}CH-COOH$

Wählen Sie bitte die zutreffende Aussagenkombination.

A. Keine der Verbindungen kann zum Alkohol reduziert werden
B. Nur 1 ist richtig
C. Nur 1 und 5 sind richtig
D. Nur 3 und 4 sind richtig
E. Nur 1, 2 und 4 sind richtig

3.220 3.13.19 Fragentyp D

Bei welchen Verbindungen sind Keto-Enol-Tautomere besonders zu berücksichtigen?

1) $CH_3-\overset{O}{\underset{\|}{C}}-O-\overset{O}{\underset{\|}{C}}-CH_2-CH_3$

2) $CH_3-\overset{O}{\underset{\|}{C}}-CH_2-\overset{O}{\underset{\|}{C}}-O-CH_2-CH_3$

3) $CH_3-\overset{O}{\underset{\|}{C}}-CH_2-\overset{O}{\underset{\|}{C}}-C_6H_5$

4) $CH_3-\overset{CH_3}{\underset{\|}{C}}=CH-\overset{O}{\underset{\|}{C}}-CH_3$

5) $CH_3-\overset{HO}{\underset{|}{CH}}-\overset{O}{\underset{\|}{C}}-CH_3$

Wählen Sie bitte die zutreffende Aussagenkombination.

A. Nur 3 ist richtig

B. Nur 2 und 3 sind richtig

C. Nur 1, 3 und 5 sind richtig

D. Nur 1, 3 und 4 sind richtig

E. Nur 2, 3 und 5 sind richtig

3.221   3.14.1   Fragentyp A

Welche Aussage trifft zu?

Die Gruppierung R-C(=O)-N(H)-R' liegt vor in einem

A. Amin   C. Amid   E. Oxim
B. Azomethin   D. Hydrazon

3.222   3.14.1   Fragentyp A

Welche Aussage trifft nicht zu?

Die Verbindung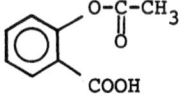

A. enthält eine Carboxylgruppe
B. enthält eine Estergruppe
C. spaltet bei Einwirkung von Säuren Essigsäure ab
D. bildet mit Basen Salze
E. enthält eine Ethergruppierung

3.223 3.14.1 Fragentyp B

Ordnen Sie bitte den in Liste 1 angegebenen Substanzklassen die entsprechende allgemeine Formel aus Liste 2 zu.

Liste 1

1) Lacton
2) Lactam

Liste 2

A. 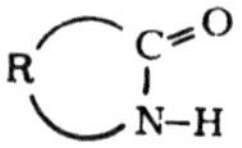 R⌒C(=O)−N−H (ring)

B. R⌒C(=O)−O (ring)

C. R⌒C(OH)(H)−O (ring)

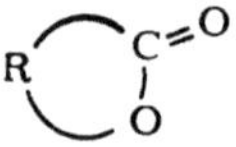

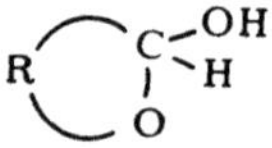

D. 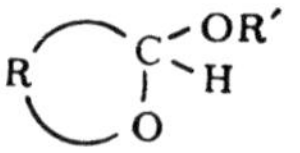 R⌒C(OR')(H)−O (ring)

E. 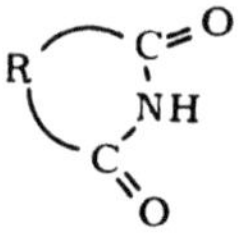 R⌒C(=O)−NH−C(=O) (ring)

3.224 3.14.1 Fragentyp B

Ordnen Sie bitte den Carbonsäurederivaten in Liste 1 die entsprechenden Beispiele aus Liste 2 zu.

Liste 1

1) Säureanhydrid
2) Ester

Liste 2

A. $CH_3-C(=O)-OCH_2-CH_2-OH$

B. $CH_3-C(=O)-NH-CH_2-CH_2-CH_3$

C. $CH_3-\overset{O}{\overset{\|}{C}}-O-\overset{O}{\overset{\|}{C}}-CH_3$

D. 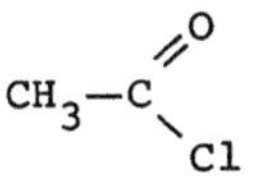 $CH_3-C\begin{smallmatrix}\diagup O\\ \diagdown Cl\end{smallmatrix}$

E. $CH_3-CH_2-O-CH_2-CH_3$

3.225 3.14.1 Fragentyp B

Ordnen Sie bitte den Strukturformeln in Liste 1 die richtige Bezeichnung aus Liste 2 zu.

Liste 1

1) 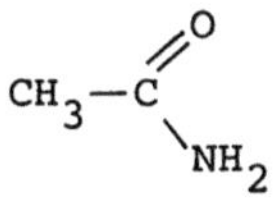 $CH_3-C\begin{smallmatrix}\diagup O\\ \diagdown NH_2\end{smallmatrix}$

2) $O=C\begin{smallmatrix}\diagup NH_2\\ \diagdown NH_2\end{smallmatrix}$

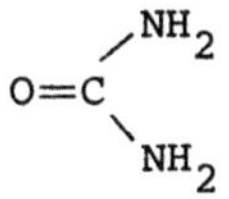

Liste 2

A. Säuremonoamid
B. Säureanhydrid
C. Aminocarbonsäure
D. Carbonsäureester
E. Säurediamid

3.226 3.14.1 Fragentyp A

Die Verbindung $CH_3CH_2-\underset{\underset{O}{\|}}{C}-O-\underset{\underset{O}{\|}}{C}-CH_3$ läßt sich klassifizieren als

A. Carbonsäure
B. gemischter Ether
C. Carbonsäureanhydrid
D. Dicarbonsäure
E. Endprodukt einer Aldolkondensation

3.227 3.14.1 / 3.16.3 Fragentyp B

Ordnen Sie bitte den in Liste 1 angegebenen Substanzklassen die entsprechende allgemeine Formel aus Liste 2 zu.

Liste 1

1) Lactid
2) Anhydrid

Liste 2

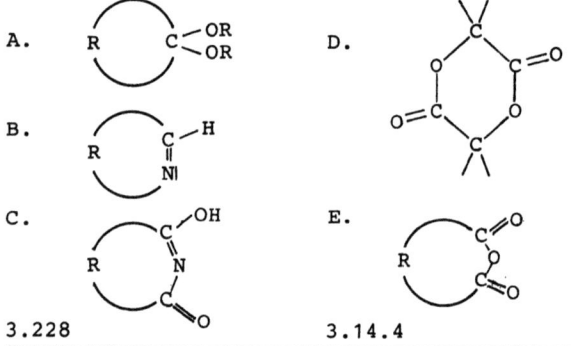

3.228 3.14.4 Fragentyp A

In welcher Form liegt ein Alaninmolekül bei einem pH-Wert von 12 vor?

A. $CH_3-\underset{NH_2}{CH}-COOH$

B. $CH_3-\underset{\oplus NH_3}{CH}-COOH$

C. $CH_3-\underset{NH_2}{CH}-COO^{\ominus}$

D. $CH_3-\underset{\oplus NH_3}{CH}-COO^{\ominus}$

E. $CH_3-\underset{NH_2}{CH}-COO^{\ominus}H^{\oplus}$

3.229 3.14.4
3.14.5 Fragentyp C

Essigsäure gibt leichter ein Proton ab als Ethanol,

<u>weil</u>

das bei der Dissoziation der Essigsäure entstehende Carboxylation durch Mesomerie stabilisiert ist.

3.230 3.14.5 Fragentyp D

Bei welchen der folgenden Verbindungen kann ein Proton leicht abdissoziiert werden?

1) Phenol
2) Essigsäuremethylester
3) Acetylaceton
4) Propionsäure

Wählen Sie bitte die zutreffende Aussagenkombination.

A. Nur 1 ist richtig
B. Nur 4 ist richtig
C. Nur 1 und 4 sind richtig
D. Nur 3 und 4 sind richtig
E. Nur 1, 3 und 4 sind richtig

3.231 3.14.5
3.14.7 Fragentyp A

Ordnen Sie bitte folgende Säuren nach steigender Acidität

1) CCl_3COOH 2) CH_3COOH 3) $(CH_3)_3CCOOH$

4) $ClCH_2COOH$

A. 3, 4, 2, 1   D. 4, 2, 3, 1
B. 2, 3, 1, 4   E. 1, 4, 3, 2
C. 3, 2, 4, 1

3.232 3.14.7 Fragentyp A

Ordnen Sie bitte die folgenden Carbonsäuren nach fallender Säurestärke

1) CH_3-COOH 2) Cl_3CCOOH 3) $ClCH_2-COOH$

A. 1, 2, 3   D. 1, 3, 2
B. 2, 1, 3   E. 3, 2, 1
C. 2, 3, 1

3.233 3.14.8 Fragentyp D

Welche der angegebenen Reaktionswege liefern eine Carbonsäure?

1) $CH_2=C=O$ $\xrightarrow{H_2O}$

2) $CH_3-\underset{\underset{O}{\|}}{C}-CH_3$ $\xrightarrow{I_2/NaOH}$

3) $CH_3-\underset{\underset{CH_3}{|}}{\overset{\overset{CH_3}{|}}{C}}-OH$ $\xrightarrow{KMnO_4}$

4) $CH_3-\underset{\underset{O}{\|}}{C}-CH_2-CH_3$ $\xrightarrow{KMnO_4}$

5) $CH_3-CH_2-\underset{\underset{O}{\|}}{C}-CCl_3$ $\xrightarrow{OH^{\ominus}}$

Wählen Sie bitte die zutreffende Aussagenkombination.

A. Nur 3 ist richtig
B. Nur 1 und 4 sind richtig
C. Nur 1, 2 und 5 sind richtig
D. Nur 2, 3 und 5 sind richtig
E. Nur 1, 2, 4 und 5 sind richtig

3.234   3.14.8   Fragentyp D

Welche der angegebenen Reaktionen führt zu Carbonsäuren oder Derivaten?

1) C₆H₅–CO–CH₃ $\xrightarrow{\text{Schwefel, Morpholin}}$?

2) C₆H₅–CHO $\xrightarrow{CH_3CHO}$?

3) C₆H₅–MgBr $\xrightarrow{CO_2}$?

4) $CH_3-\underset{O}{\overset{\|}{C}}-CH_3$ $\xrightarrow{I_2/NaOH}$?

5) CH_3-CH_2-CN $\xrightarrow{H^\oplus}$?

Wählen Sie bitte die zutreffende Aussagenkombination.

A. Nur 1 und 4 sind richtig
B. Nur 2 und 5 sind richtig
C. Nur 3, 4 und 5 sind richtig
D. Nur 1, 3, 4 und 5 sind richtig
E. Alle sind richtig

3.235 3.14.8
3.14.13
3.14.17 Fragentyp D

Welche Darstellungsmethode für die angegebenen Carbonsäuren ist richtig?

1) $2\ H-C\underset{O^{\ominus}}{\overset{O}{\diagup}} Na^{\oplus} \xrightarrow{360°}$ Oxalsäure

2) $N\equiv C-CH_2-COOH \xrightarrow{H_2}$ Malonsäure

3) $CH_3-C_6H_5 \xrightarrow{KMnO_4}$ Benzoesäure

4) $CH_3-\underset{H}{\overset{O}{C}} \xrightarrow{HCN} CH_3-\underset{H}{\overset{OH}{\underset{|}{C}}}-CN \xrightarrow[-NH_3]{+2\ H_2O}$ Milchsäure

5) $CH_3-CH_2-\underset{CH_3}{\underset{|}{C}H}-OH \xrightarrow{I_2/OH^{\ominus}}$ Propionsäure

Wählen Sie bitte die zutreffende Aussagenkombination.

A. Nur 1 und 3 sind richtig
B. Nur 2 und 3 sind richtig
C. Nur 2, 4 und 5 sind richtig
D. Nur 1, 3, 4 und 5 sind richtig
E. Alle sind richtig

3.236 3.14.9 Fragentyp A

Welche Aussage trifft zu?
Bei der Reaktion von Acetylchlorid mit Methylamin entsteht

A. aus Acetylchlorid ein Salz der Essigsäure
B. unter Abspaltung von Chlor ein Nitrosamin
C. N-Methyl-acetamid

D. ein Azofarbstoff

E. Essigsäureanhydrid

3.237 3.14.9 Fragentyp A

Bei der Umsetzung von Essigsäureanhydrid mit verschiedenen Nucleophilen sollen sich die angegebenen Reaktionsprodukte bilden. Welche Angabe trifft nicht zu?

Nucleophil	Reaktionsprodukt
A. H_2O	Essigsäure
B. NH_3	Ammoniumacetat
C. verd. HCl	Essigsäure
D. CH_3OH	Essigsäuremethylester
E. $CH_3CH_2-NH_2$	N-Ethyl-acetamid

3.238 3.14.9 Fragentyp C

Säurechloride R-COCl eignen sich gut zur Synthese von Estern,

weil

in Säurechloriden das Kohlenstoffatom der Carbonylgruppe stark positiviert ist.

3.239   3.14.9   Fragentyp A

Ordnen Sie bitte die folgenden Carbonsäurederivate nach **steigender** Reaktivität gegenüber Nucleophilen (1 < 2 bedeutet 2 ist reaktiver als 1).

1) $CH_3-C\underset{\underline{\underline{O}}|^{\ominus}}{\overset{O}{\lessgtr}}$

2) $CH_3-C\underset{Cl}{\overset{O}{\lessgtr}}$

3) $CH_3-C\underset{NH_2}{\overset{O}{\lessgtr}}$

4) $CH_3-C\underset{OC_2H_5}{\overset{O}{\lessgtr}}$

A. 1 < 3 < 2 < 4
B. 3 < 1 < 4 < 2
C. 1 < 4 < 3 < 2
D. 1 < 3 < 4 < 2
E. 4 < 3 < 1 < 2

3.240   3.14.10   Fragentyp A

Welche Antwort trifft zu? Bei der Reaktion

$$H-COOH + CH_3CH_2-OH \xrightleftharpoons{(H^+)} H-\overset{O}{\overset{\|}{C}}-O-CH_2CH_3 + H_2O$$

handelt es sich um eine

A. Veresterung
B. Dissoziation
C. Neutralisation
D. Äthersynthese
E. Oxidation

3.241   3.14.10   Fragentyp A

Welche der angegebenen Methoden zur Darstellung von Estern ist **nicht** richtig?
Ester erhält man durch Umsetzung von

A. Säurechloriden mit Ethern
B. Säuren mit Alkoholen unter Protonenkatalyse
C. Ketenen mit Alkoholen

D. Säurechloriden mit Alkoholen
E. Säureanhydriden mit Alkoholen

3.242   3.14.10   Fragentyp D

Welche der angegebenen Reaktionen führt zu einem Carbonsäureester?

1) $R-C\underset{NH_2}{\overset{O}{\diagup}}$ + CH_3OH 4) $R-C\underset{OH}{\overset{O}{\diagup}}$ + CH_2N_2

5) $R-\underset{O}{\overset{}{C}}-O-\underset{O}{\overset{}{C}}-R$ + CH_3OH

2) $R-C\underset{OH}{\overset{O}{\diagup}}$ + $H^⊕$ + CH_3OH

3) $R-C\underset{Cl}{\overset{O}{\diagup}}$ + CH_3OH

Wählen Sie bitte die zutreffende Aussagenkombination.

A. Nur 1, 2 und 3 sind richtig
B. Nur 1, 3 und 4 sind richtig
C. Nur 1, 2 und 5 sind richtig
D. Nur 2, 3, 4 und 5 sind richtig
E. Alle Reaktionen sind richtig

3.243   3.14.10   Fragentyp A

Welche Aussage trifft nicht zu?
Bei der Darstellung eines Esters

A. kann die Einstellung des Gleichgewichts durch Katalysatoren beschleunigt werden
B. wird bei Temperaturerhöhung auch die Rückreaktion beschleunigt
C. können $OH^{\ominus}$-Ionen als Katalysator verwendet werden
D. kann die Ausbeute an Ester durch Konzentrationserhöhung des Alkohols gesteigert werden
E. kann die Ausbeute erhöht werden, indem man das gebildete Wasser aus dem Gleichgewicht entfernt

3.244   3.14.10   Fragentyp A

Bei welcher der folgenden Reaktionen handelt es sich um eine sog. "Umesterung"?

A. $CH_3-C\overset{O}{\underset{Cl}{}} + C_2H_5-OH \longrightarrow CH_3-C\overset{O}{\underset{OC_2H_5}{}} + HCl$

B. $CH_3-C\overset{O}{\underset{OC_2H_5}{}} \xrightarrow[- C_2H_5OH]{+ NH_3} CH_3-C\overset{O}{\underset{NH_2}{}}$

C. $CH_3-\underset{O}{\overset{}{C}}-O-\underset{O}{\overset{}{C}}-CH_3 \xrightarrow[- CH_3COOH]{+ C_2H_5OH} CH_3-C\overset{O}{\underset{OC_2H_5}{}}$

D. $CH_3-C\overset{O}{\underset{OC_2H_5}{}} \xrightarrow{H^+} CH_3-C\overset{O}{\underset{OH}{}} + C_2H_5OH$

E. $CH_3-C\overset{O}{\underset{OCH_3}{}} \xrightarrow{C_2H_5OH/H^+} CH_3-C\overset{O}{\underset{OC_2H_5}{}} + CH_3OH$

3.245   3.14.10   Fragentyp C

Die basenkatalysierte Esterhydrolyse verläuft reversibel,

weil

das Carboxylation sich gegenüber Nucleophilen fast völlig inert verhält.

3.246   3.14.11   Fragentyp B

Ordnen Sie bitte den Begriffen in Liste 1 die entsprechenden Strukturformeln aus Liste 2 zu.

Liste 1

1) Triglycerid
2) Diglycerid

Liste 2

A.
$$H_2C-O-\overset{O}{\underset{\|}{C}}-C_{17}H_{35}$$
$$HC-O-\underset{\|}{C}-C_{15}H_{31}$$
$$H_2C-O-\underset{\|}{\underset{O}{C}}-C_{17}H_{35}$$

B.
$$H_2C-O-C_{18}H_{37}$$
$$HC-O-C_{16}H_{33}$$
$$H_2C-O-C_{18}H_{35}$$

C.
$$H_2C-O-\overset{O}{\underset{\|}{C}}-C_{17}H_{35}$$
$$HCOH$$
$$H_2C-O-\underset{\|}{\underset{O}{C}}-C_{15}H_{31}$$

D.
$$H_2C-O-\overset{O}{\underset{\|}{C}}-C_{15}H_{31}$$
$$HCOH$$
$$H_2C-O-\underset{|\underset{\ominus}{\underline{O}|}}{\overset{O}{\underset{\|}{P}}}-O-CH_2-CH_2-\overset{\oplus}{N}(CH_3)_3$$

E.
$$H_2C-O\diagdown\underset{O}{\overset{CH_3}{C}}$$
$$HC-O\diagupCH_3$$
$$H_2C-O-\underset{\|}{\underset{O}{C}}-CH_3$$

3.247 3.14.11 Fragentyp A

Welche Aussage trifft nicht zu?
Seifen

A. enthalten eine polare Gruppe an einem längerkettigen, aliphatischen Kohlenwasserstoffrest
B. können als hydrophile Gruppe entweder Sulfonsäure- oder quartäre Ammonium-Gruppen enthalten
C. vergrößern die Oberflächenspannung
D. nehmen an der Phasengrenze eine regelmäßige Anordnung an
E. umhüllen nicht lösliche Fett- oder Ölteilchen und emulgieren sie dadurch

3.248 3.14.11 Fragentyp A

Ein Fett setzt sich zusammen aus

A. Glycerin und Fettsäuren
B. einem mehrwertigen Alkohol und einer Fettsäure
C. Glycerin, zwei Fettsäuren und einem Phosphorsäurederivat
D. Glycerin und einer bis drei Aminosäuren
E. Glycerin, Fettsäuren und einem glykosidisch an Glycerin gebundenen Zucker

3.249 3.14.11 / 3.14.16 / 3.17.9 Fragentyp B

Ordnen Sie bitte den Bezeichnungen in Liste 1 die passenden Formelbilder aus Liste 2 zu.

Liste 1

1) Dipeptid
2) Triglycerid
3) Glykosid

Liste 2

A. $CH_2-CH-CH_2-O-C-(CH_2)_{14}-CH_3$
   $|||$
   $OHOHO$

B. $H_3C-CH-C-N-CH-\underset{}{\bigcirc}-OH$
     $|\|||$
     $H_2NOHCOOH$

C. $CH_2-O-\underset{O}{\overset{\|}{C}}-C_{17}H_{35}$

   $CH-O-\underset{O}{\overset{\|}{C}}-C_{15}H_{31}$

   $CH_2-O-\underset{O}{\overset{\|}{C}}-C_{17}H_{33}$

D. $CH_2-O-\underset{O}{\overset{\|}{C}}-R$

   $CH-O-\underset{O}{\overset{\|}{C}}-R'$

   $CH_2-O-\underset{\underset{\ominus}{|\underline{O}|}}{\overset{\overset{O}{\|}}{P}}-O-CH_2-CH_2-\overset{CH_3}{\underset{CH_3}{N^{\oplus}}}-CH_3$

E.

3.250   3.14.12   Fragentyp A

Welche Zuordnung Name – Strukturformel ist nicht richtig?

A. Pimelinsäure HOOC-$(CH_2)_5$-COOH
B. Glutarsäure HOOC-$(CH_2)_3$-COOH
C. Bernsteinsäure HOOC-CH_2-COOH
D. Acelainsäure HOOC-$(CH_2)_{17}$-COOH
E. Oxalsäure HOOC-COOH

3.251   3.14.12   Fragentyp A

Bei der Verbindung HOOC-$\underset{\underset{O}{\|}}{C}$-$CH_2$-COOH handelt es sich um

A. Oxalessigsäure
B. α-Ketoglutarsäure
C. Brenztraubensäure
D. Äpfelsäure
E. Fumarsäure

3.252   3.14.12
        3.14.15   Fragentyp D

Welche der folgenden Verbindungen ist eine Dicarbonsäure?

1) Fumarsäure   4) Brenztraubensäure
2) Acetessigsäure   5) Zitronensäure
3) Oxalessigsäure

Wählen Sie bitte die zutreffende Aussagenkombination.

A. Keine der angegebenen Verbindungen
B. Nur 1 und 3 sind richtig
C. Nur 1 und 5 sind richtig
D. Nur 2, 3 und 4 sind richtig
E. Nur 3, 4 und 5 sind richtig

3.253 3.14.13 Fragentyp A

Welche Aussage ist **nicht** richtig?
Nachfolgend werden für einige Carbonsäuren Synthesemöglichkeiten genannt, wobei der erste Reaktionsschritt angegeben wurde. Es kann dargestellt werden:

A. Oxalsäure durch Erhitzen von zwei Molekülen Natriumformiat.
B. Malonsäure durch Verseifung von Cyanessigsäure.
C. Adipinsäure durch oxidative Spaltung von Cyclopentanon.
D. Essigsäure durch Oxidation von Ethanol.
E. Benzoesäure durch Seitenkettenchlorierung von Toluol und anschließende Verseifung.

3.254 3.14.15 Fragentyp A

Bei welcher der angegebenen Verbindungen handelt es sich um Fumarsäure?

A. HOOC–CH=CH–COOH (cis, both H on same side — actually shown as HOOC\C-H over HOOC/C-H)

B. CH₃\C-H over H/C-COOH

C. Benzene ring with two –COOH groups (ortho)

D. H\C-COOH over HOOC/C-H

E. CH₃\C-CH₃ over H/C-COOH

| 3.255 | 3.14.15 | Fragentyp C |

Fumarsäure und Maleinsäure bilden verschiedene cyclische Anhydride,

<u>weil</u>

Fumarsäure und Maleinsäure isomere Dicarbonsäuren sind.

| 3.256 | 3.14.16 | Fragentyp B |

Ordnen Sie bitte den in Liste 1 angegebenen Bezeichnungen die entsprechenden Beispiele aus Liste 2 zu.

Liste 1

1) saure Aminosäure
2) basische Aminosäure

Liste 2

A. $HOOC-CH_2-CH_2-\underset{\underset{OH}{|}}{CH}-COOH$

B. $H_2N-CH_2-CH_2-CH_2-CH_2-\underset{\underset{NH_2}{|}}{CH}-COOH$

C. 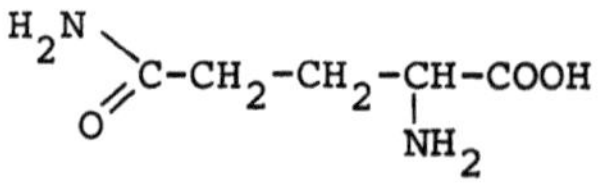 $\underset{O}{\overset{H_2N}{\diagdown}}C-CH_2-CH_2-\underset{\underset{NH_2}{|}}{CH}-COOH$

D. $\underset{O}{\overset{HO}{\diagdown}}C-CH_2-CH_2-\underset{\underset{NH_2}{|}}{CH}-COOH$

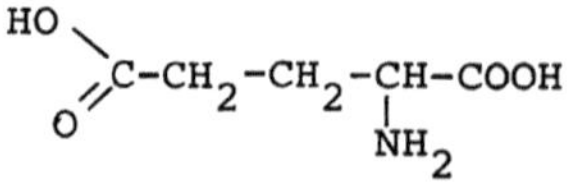

E. $HO-CH_2-\underset{\underset{NH_2}{|}}{CH}-COOH$

3.257 3.14.16 Fragentyp A

Welche Kurzbezeichnung für die angegebenen Aminosäuren trifft nicht zu?

A.
$$\begin{array}{c} COOH \\ | \\ H_2N-C-H \\ | \\ CH_3 \end{array} = Ala$$

B.
$$\begin{array}{c} COOH \\ | \\ H_2N-C-H \\ | \\ CH_2OH \end{array} = Pro$$

C.
$$\begin{array}{c} COOH \\ | \\ H_2N-C-H \\ | \\ CH_2 \\ | \\ C_6H_5 \end{array} = Phe$$

D.
$$\begin{array}{c} COOH \\ | \\ H_2N-C-H \\ | \\ CH_2 \\ | \\ H_3C-C-H \\ | \\ CH_3 \end{array} = Leu$$

E.
$$\begin{array}{c} COOH \\ | \\ H_2N-C-H \\ | \\ H_3C-C-H \\ | \\ CH_2 \\ | \\ CH_3 \end{array} = Ileu$$

3.258 3.14.16 Fragentyp A

Welche Definition trifft zu?
Unter dem Begriff "Sequenz" versteht man die

A. Reihenfolge der Kohlenstoffatome in einer Aminosäure
B. Verknüpfung von Zuckereinheiten in einem Polysaccharid wie z.B. Zellulose
C. genaue Lage von Doppelbindungen in einem Olefin
D. Reihenfolge von Aminosäuren in einem Peptid
E. genaue Reihenfolge und Verknüpfungsart aller Atome eines Moleküls

3.259   3.14.16   Fragentyp C

Bei α-Aminosäuren stimmt der isoelektrische Punkt stets mit dem Neutralpunkt überein,

weil

α-Aminosäuren in wäßriger Lösung als Zwitterionen vorliegen können.

3.260   3.14.16   Fragentyp A

Wieviele isomere Tripeptide gibt es noch zusätzlich zu dem Peptid Gly-Ala-Cys?

A. 3   D. 6
B. 4   E. 7
C. 5

3.261   3.14.16   Fragentyp A

Welche Aussage trifft nicht zu?
Die Verbindung $H_2N-CH_2-\underset{\underset{O}{\|}}{C}-\underset{\underset{H}{|}}{N}-\underset{\underset{CH_3}{|}}{CH}-\underset{\underset{O}{\|}}{C}-\underset{\underset{H}{|}}{N}-\underset{\underset{CH_2SH}{|}}{CH}-COOH$

A. ist ein Tripeptid

B. kann nur noch in zwei weiteren isomeren Sequenzen auftreten

C. enthält zwei Säureamidgruppen

D. ist aus Glycin, Alanin und Cystein aufgebaut

E. kann durch Dehydrierung an der SH-Gruppe in ein Dimeres überführt werden

3.262   3.14.16   Fragentyp A

Welche Aussage trifft <u>nicht</u> zu?
Bei Aminosäuren der allgemeinen Struktur

R-CH$_2$-CH-COOH   gilt für
      |
      NH$_2$

A. Alanin   : R = -H
B. Cystein   : R = -SH

C. Phenylalanin : R = —⟨◯⟩

D. Lysin   : R = -CH$_2$-CH$_2$-CH$_2$-NH$_2$

E. Histidin   : R = (Indol-Rest)

3.263   3.14.16   Fragentyp A

Welche Aussage trifft <u>nicht</u> zu?
Die Tollensreaktion zum Nachweis von Aldehyden läßt sich folgendermaßen darstellen:

H$_3$C-CHO + 2[Ag(NH$_3$)$_2$]$^+$ + 2 OH$^-$ ⟶ CH$_3$COOH+2Ag+H$_2$O+2NH$_3$

Dabei

A. wirkt Ag$^+$ als Oxidationsmittel
B. wird Acetaldehyd oxidiert
C. ändert das C-Atom der Carbonylgruppe seine Oxidationszahl
D. werden 2 Elektronen vom Acetaldehyd auf die OH$^-$-Gruppe übertragen
E. stimmt die Stöchiometrie der angegebenen Gleichung nicht

3.264   3.14.16   Fragentyp A

Welche Aussage trifft <u>nicht</u> zu?

```
     COOH              COOH
      |                 |
H₂N–C–H           H–C–NH₂
      |                 |
     CH₃              CH₃

     I.               II.
```

A. I und II sind Stereoisomere.
B. II ist D-Alanin.
C. Alle natürlichen Aminosäuren haben eine II entsprechende Konfiguration.
D. I und II sind in der Fischerprojektion dargestellt.
E. I und II können der Gruppe der neutralen Aminosäuren zugeordnet werden.

3.265   3.14.16   Fragentyp A

Welche der angegebenen Aminosäuren ist eine α-L-Aminosäure?

A.   COOH   B.   COOH
      \....CH₃   \....CH₃
      /   /
    NH₂ H   H   NH₂

C.   COOH   D.   COOH
      \....H   CH₂
      /   \....CH₃
    NH₂ H   /
                           H₂N   H

E.   COOH
      \....H
      /
     H   NH₂

3.266　　　　　　　3.14.16　　　　　　Fragentyp A

Wieviele pK_s-Werte hat die Glutaminsäure?

A. 1
B. 2
C. 3
D. 4
E. Die Zahl hängt von der Lage des isoelektrischen Punktes ab.

3.267　　　　　　　3.14.16　　　　　　Fragentyp A

Wieviele isomere Tripeptide kann man aus den Aminosäuren des Peptids $H_2N-CH_2-\underset{O}{\overset{\|}{C}}-NH-\underset{CH_3}{\overset{|}{CH}}-\underset{O}{\overset{\|}{C}}-NH-CH_2-COOH$ synthetisieren?

A. 1　　　　　D. 4
B. 2　　　　　E. 5
C. 3

3.268　　　　　　　3.14.16　　　　　　Fragentyp A

Glycin (pK_{s1}= 2,35, pK_{s2}= 9,78) soll bei einer Elektrophorese zur Anode wandern. Welchen pH-Wert müssen Sie wählen?

A. 1,7　　　　D. 5,9
B. 2,3　　　　E. 7,3
C. 4,7

3.269 3.14.16 Fragentyp B

Wählen Sie bitte aus den folgenden Strukturformeln diejenige aus, welche ein Zwitterion darstellt.

A. C$_6$H$_5$-CH$_2$-CH-COO$^\ominus$
             |
             $^\oplus$NH$_3$

B. $CH_3-COO^\ominus$ $Na^\oplus$

C. $CH_3-CH_2-\bar{\underline{O}}$\H....$\underline{O}$-CH$_2$-CH$_3$
                          H

D. H-$\bar{\underline{O}}$-N$^\oplus$$\diagup^{O}_{\underline{\overline{O}}|^\ominus}$

E. |CH$_2$-C-CH$_3$
          ‖
          O
   (⊖ über CH$_2$)

3.270 3.14.17 Fragentyp A

Welche der angegebenen Reaktionen führt zu einer α-Aminocarbonsäure?

A. $CH_3-C\begin{smallmatrix}\nearrow O \\ \searrow Cl\end{smallmatrix}$ + NH_3 $\longrightarrow$

B. $Cl-CH_2-C\begin{smallmatrix}\nearrow O \\ \searrow N(CH_3)_2\end{smallmatrix}$ + H_2O $\longrightarrow$

C. $R-C\begin{smallmatrix}\nearrow O \\ \searrow H\end{smallmatrix}$ + HCN $\longrightarrow$ $\xrightarrow{H^\oplus}$

D. $R-C\begin{smallmatrix}\nearrow O \\ \searrow H\end{smallmatrix}$ + HNR_2 + HCN $\longrightarrow$ $\xrightarrow{H^\oplus}$

E. $R-C\begin{smallmatrix}\nearrow O \\ \searrow OH\end{smallmatrix}$ + NH_3 $\longrightarrow$

3.271   3.15.1   Fragentyp A

Welche der folgenden Verbindungen vermag mit geradkettigen Fettsäuren "Einschlußverbindungen" zu bilden?

A. Cyanursäure
B. Harnsäure
C. Harnstoff
D. Pyrrol
E. Guanidin

3.272   3.15.1   Fragentyp A

Bei welcher der angegebenen Reaktionen entsteht ein Urethan?

A. $CO_2 + 2\ NH_3 \longrightarrow \left[O{=}C\begin{smallmatrix}NH_2\\O^\ominus\end{smallmatrix}\right] \overset{\oplus}{N}H_4$

B. $O{=}C\begin{smallmatrix}Cl\\Cl\end{smallmatrix} + 2\ C_2H_5OH \xrightarrow{-2\ HCl} O{=}C\begin{smallmatrix}OC_2H_5\\OC_2H_5\end{smallmatrix}$

C. $O{=}C{=}NH + HO{-}CH_3 \longrightarrow O{=}C\begin{smallmatrix}NH_2\\OCH_3\end{smallmatrix}$

D. $S{=}C{=}S + NaOC_2H_5 \longrightarrow S{=}C\begin{smallmatrix}OC_2H_5\\\bar{S}|^\ominus\ Na^\oplus\end{smallmatrix}$

E. $O{=}C\begin{smallmatrix}Cl\\Cl\end{smallmatrix} + HO{-}CH_3 \xrightarrow{-HCl} O{=}C\begin{smallmatrix}Cl\\OCH_3\end{smallmatrix}$

3.273 3.15.1
3.15.2 Fragentyp B

Ordnen Sie bitte den in Liste 1 angegebenen Verbindungsnamen die richtige Strukturformel aus Liste 2 zu.

Liste 1

1) Guanidin
2) Carbamidsäureester

Liste 2

A. $H_2N-\underset{\underset{O}{\|}}{C}-CH_3$

B. $H_2N-\underset{\underset{NH}{\|}}{C}-NH_2$

C. $H_2N-\underset{\underset{O}{\|}}{C}-OC_2H_5$

D. $H_2N-\underset{\underset{O}{\|}}{C}-NH_2$

E. $H_2N-\underset{\underset{O}{\|}}{C}-NH-\underset{\underset{O}{\|}}{C}-NH_2$

3.274 3.15.1
3.15.6
3.15.7 Fragentyp A

Welche Zuordnung - Strukturformel/Name - trifft nicht zu?

A. $H_2\bar{N}-C\equiv N|$ = Cyanamid

B. $\bar{\underline{O}}=C=\underline{N}-H$ = Cyansäure

C. $\underline{\bar{O}}=CCl_2$ = Phosgen

D. $H-\bar{\underline{S}}-C\equiv N|$ = Thiocyansäure

E. $H_2\bar{N}-\underset{\underset{|NH}{\|}}{C}-\bar{N}H_2$ = Guanidin

3.275 3.15.2 / 3.15.3 Fragentyp B

Ordnen Sie bitte den Begriffen in Liste 1 die entsprechenden Verbindungen aus Liste 2 zu.

Liste 1

1) Urethan
2) Ureid

Liste 2

A.
$$\begin{array}{c} O \\ \| \\ H_2C-C-NH \\ | \quad \quad | \\ C-N-CH_2 \\ \| \quad | \\ O \quad H \end{array}$$

B. $O=C\begin{array}{c} NH_2 \\ NH-NH_2 \end{array}$

C. $O=C\begin{array}{c} NH_2 \\ NH-C-\underset{|}{\overset{Br}{C}}-C_2H_5 \\ \| \quad | \\ O \quad C_2H_5 \end{array}$

D. $O=C\begin{array}{c} NH_2 \\ O-CH-CH_2-CH_3 \\ | \\ CH_3 \end{array}$

E. $O=C\begin{array}{c} NH_2 \\ NH-C-NH_2 \\ \| \\ O \end{array}$

3.276 3.15.3 Fragentyp B

Ordnen Sie bitte den Verbindungen in Liste 1 die entsprechende Strukturformel aus Liste 2 zu.

Liste 1

1) Biuret
2) Essigsäureureid

Liste 2

A. $H_2H-\underset{\underset{NH}{\|}}{C}-NH_2$

B. $H_2N-\underset{\underset{O}{\|}}{C}-NH-\underset{\underset{O}{\|}}{C}-NH_2$

C. $CH_3-\underset{\underset{O}{\|}}{C}-NH-\underset{\underset{O}{\|}}{C}-NH_2$

D. $CH_3-CH_2-O-\underset{\underset{O}{\|}}{C}-NH_2$

E. $H_2N-\underset{\underset{O}{\|}}{C}-NH-NH_2$

3.277   3.16.1 / 3.17.1   Fragentyp A

Welche Charakterisierung für die genannten Verbindungen trifft **nicht** zu?

A. Glucose   - α-Hydroxyaldehyd
B. Fructose   - α-Hydroxyketon
C. Acetessigsäure - β-Ketosäure
D. Milchsäure   - α-Hydroxycarbonsäure
E. Citronensäure - β-Hydroxydicarbonsäure

3.278   3.16.2   Fragentyp A

Bei der Verbindung
$$\begin{array}{c} \text{OH} \\ \text{CH}_2-\text{C}-\text{CH}_2 \\ ||| \\ \text{COOH}\text{COOH}\text{COOH} \end{array}$$
handelt es sich um

A. Oxalsäure
B. Bernsteinsäure
C. Glutarsäure
D. Maleinsäure
E. Zitronensäure

3.279   3.16.2   Fragentyp A

Welche Antwort trifft zu?
Die Verbindung $HO-CH_2-CH_2-CH_2-COOH$ heißt

A. Äpfelsäure
B. Acetessigsäure
C. γ-Hydroxybuttersäure
D. β-Hydroxypropionsäure
E. α-Hydroxypropionsäure

3.280   3.16.2   Fragentyp A

Welche der folgenden Säuren ist eine Tricarbonsäure?

A. Bernsteinsäure
B. Zitronensäure
C. Äpfelsäure
D. Glutarsäure
E. Ölsäure

3.281   3.16.2   Fragentyp D

Welche Aussagen treffen für beide Verbindungen zu?

```
      COOH              COOH
       |                 |
    H-C-OH            HO-C-H
       |                 |
    HO-C-H            H-C-OH
       |                 |
      COOH              COOH

      (I)               (II)
```

1) Es handelt sich um Dihydroxydicarbonsäuren.
2) Sie sind Enantiomere.
3) Jede Verbindung besitzt zwei Asymmetriezentren.
4) Sie sind Diastereomere.
5) Sie unterscheiden sich in der Drehung des polarisierten Lichts

Wählen Sie bitte die zutreffende Aussagenkombination.

A. Nur 2 ist richtig
B. Nur 3 und 5 sind richtig
C. Nur 1, 3 und 4 sind richtig
D. Nur 2, 3 und 5 sind richtig
E. Nur 1, 2, 3 und 5 sind richtig

3.282 3.16.2 / 3.16.4 Fragentyp A

Welche Aussage trifft nicht zu?

A. Milchsäure = α-Hydroxypropionsäure
B. Salicylsäure = 3-Acetoxybenzoesäure
C. Acetessigsäure = β-Ketobuttersäure
D. β-Alanin = β-Aminopropionsäure
E. Brenztrauben- = α-Ketopropionsäure
   säure

3.283 3.16.3 Fragentyp A

Welche Aussage ist nicht richtig?

A. α-Hydroxysäuren bilden beim Erhitzen Lactide.
B. γ- und δ-Hydroxysäuren liefern beim Erhitzen Lactone.
C. Fumarsäure bildet beim Erhitzen ein Anhydrid.
D. Bernsteinsäure bildet beim Erhitzen ein cyclisches Anhydrid.
E. Oxalsäure decarboxyliert beim Erhitzen.

3.284 3.16.3 Fragentyp A

Welche der angegebenen Strukturformeln stellt ein Lacton dar?

A.

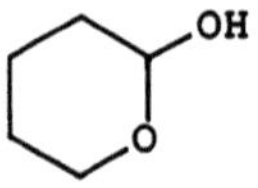

B.

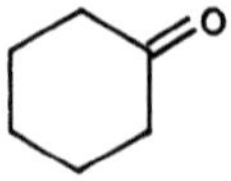

C.

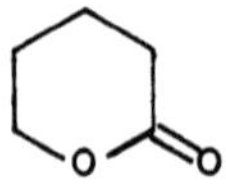

D.

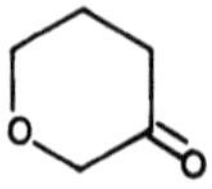

E.

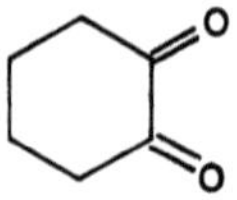

3.285   3.16.3   Fragentyp B

Ordnen Sie bitte den in Liste 1 gegebenen Begriffen die entsprechende Strukturformel aus Liste 2 zu.

Liste 1

1) Lactam
2) Lactid

Liste 2

A. [cyclohexanone oxime: cyclohexane=N-OH]

B. [δ-valerolactam: six-membered ring with N-H and C=O]

C. [phthalic anhydride]

D. [lactide: six-membered ring with two ester groups and two CH_3 substituents]

E. [barbiturate: H_3C, H_3C substituted barbituric acid ring]

3.286   3.16.4   Fragentyp A

Welche Aussage über die Koeffizienten der nachstehenden Reaktionsgleichung trifft zu?

$$w \begin{array}{c} COOH \\ | \\ CHOH \\ | \\ CH_3 \end{array} \longrightarrow x \begin{array}{c} COOH \\ | \\ C=O \\ | \\ CH_3 \end{array} + y\ H^+ + z\ e^-$$

A. $w = x$, $y = z$

B. $w > y$, $x < z$

C. $w = y = 2$, $z = x = 1$

D. $y > z$, $w = x$

E. $w = x + y + z$

3.287 3.16.4 Fragentyp A

Brenztraubensäure kann dargestellt werden durch Oxidation von

A. γ-Hydroxybuttersäure
B. α-Hydroxybuttersäure
C. Hydroxyessigsäure
D. α-Hydroxypropionsäure
E. β-Hydroxypropionsäure

3.288 3.16.5 Fragentyp A

Bei welcher der angegebenen Gleichungen handelt es sich um die "Claisen-Kondensation"?

A. $2\ CH_3-COOR \xrightarrow{NaOR} CH_3-\overset{O}{\underset{\|}{C}}-CH_2-COOR + ROH$

B. $CH_3-CHO + ROOC-CH_2-COOR \longrightarrow CH_3-CH=C\overset{\diagup COOR}{\diagdown COOR}$

C. $C_6H_5-CHO + CH_3-\overset{O}{\underset{\|}{C}}-O-\overset{O}{\underset{\|}{C}}-CH_3 \longrightarrow C_6H_5-CH=CH-COOH + CH_3COOH$

D. $C_6H_5-CHO + CH_3-CHO \longrightarrow C_6H_5-CH=CH-CHO$

E. $CH_3-COCl + NC-CH_2-CN \longrightarrow CH_3-\underset{\underset{O}{\|}}{C}-\overset{CN}{\underset{CN}{\overset{|}{C}H}} + HCl$

3.289 3.16.8 Fragentyp A

Bei welcher der angegebenen Reaktionen handelt es sich um die "Säurespaltung"?

A. $CH_3-\underset{OH}{CH}-CN \xrightarrow[-NH_3]{+2\ H_2O(H^\oplus)} CH_3-\underset{OH}{CH}-COOH$

B. $CH_3-C\overset{O}{\underset{OC_2H_5}{\diagdown}} \xrightarrow{OH^-} CH_3-C\overset{O}{\underset{\bar{O}|^\ominus}{\diagdown}} + CH_3-CH_2-OH$

C) $2\ CH_3-C\overset{O}{\underset{OC_2H_5}{\diagdown}} \xrightarrow{^\ominus|\bar{O}-C_2H_5} CH_3-\underset{O}{\overset{}{C}}-CH_2-C\overset{O}{\underset{OC_2H_5}{\diagdown}}$

D. $CH_3-\underset{O}{\overset{}{C}}-CH_2-C\overset{O}{\underset{OC_2H_5}{\diagdown}} \xrightarrow[-HOC_2H_5]{verd.\ KOH} CH_3-\underset{O}{\overset{}{C}}-CH_2-COO^\ominus \xrightarrow{-CO_2}$
$CH_3-\underset{O}{\overset{}{C}}-CH_3$

E. $CH_3-\underset{O}{\overset{}{C}}-CH_2-C\overset{O}{\underset{OC_2H_5}{\diagdown}} \xrightarrow[H_2O]{^\ominus|\bar{O}-C_2H_5} 2\ CH_3-C\overset{O}{\underset{\bar{O}|^\ominus}{\diagdown}} + 2\ HOC_2H_5$

3.290 3.16.9 Fragentyp A

Bei welcher der angegebenen Carbonsäuren erfolgt die Decarboxylierung besonders leicht?

A. $CH_3-\underset{O}{\overset{}{C}}-CO_2H$

B. $CH_3-CH_2-CO_2H$

C. CH_3-CO_2H

D. $CH_3-\underset{O}{\overset{}{C}}-CH_2-CO_2H$

E. $HO_2C-CH_2-CH_2-CO_2H$

3.291 3.17.1 Fragentyp A

Welche Aussage trifft nicht zu?

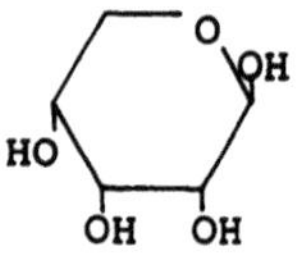

I 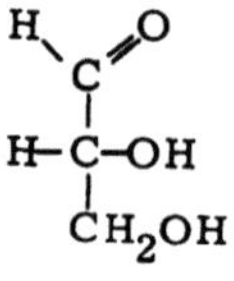 II

A. I ist eine Aldopentose, II eine Aldotriose.
B. II besitzt ein Asymmetriezentrum und gehört der D-Reihe an.
C. I ist ein Desoxyzucker.
D. I liegt als Halbacetal in der β-Konfiguration vor.
E. I ist in der Haworth-Schreibweise, II in der Fischerprojektion angegeben.

3.292 3.17.1 Fragentyp A

Welche Aussage trifft nicht zu?

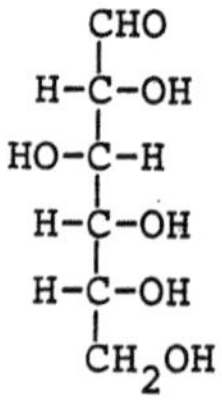

1) 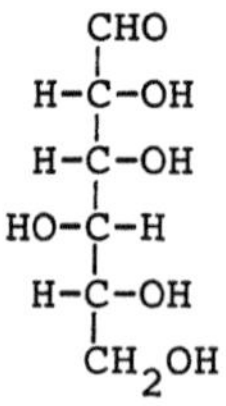 2) 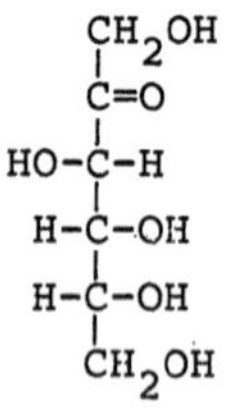 3) 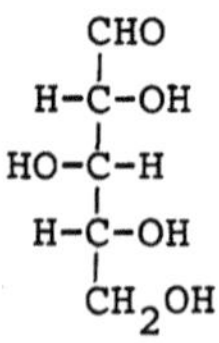 4)

A. Die Verbindungen 2 und 3 sind Hexosen.
B. 1 ist Glucose und 3 Fructose.
C. 4 ist eine Aldopentose und wird D-Ribose genannt.
D. 3 ist eine Ketose und 1 eine Aldose.
E. 4 kann als Furanose und 2 als Pyranose vorliegen.

3.293 3.17.1
3.17.5 Fragentyp B

Ordnen Sie bitte den in Liste 1 angegebenen Zuckern die richtige Strukturformel aus Liste 2 zu.

<u>Liste 1</u>

1) D-Threose
2) D-Ribose

<u>Liste 2</u>

A.
```
    CHO
HO-C-H
 H-C-OH
   CH₂OH
```

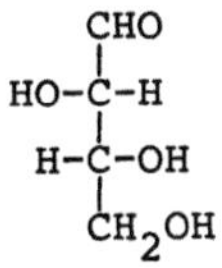

B.
```
    CHO
 H-C-OH
 H-C-OH
   CH₂OH
```

C.
```
    CHO
 H-C-OH
 H-C-OH
 H-C-OH
   CH₂OH
```

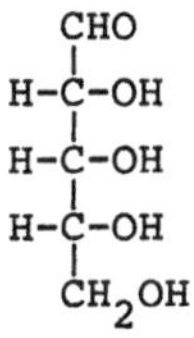

D.
```
    CHO
 H-C-OH
 H-C-OH
HO-C-H
   CH₂OH
```

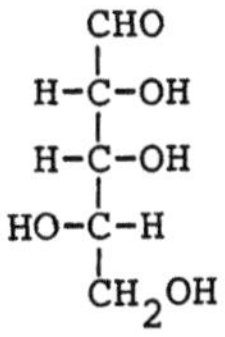

E.
```
    CHO
 H-C-OH
   CH₂OH
```

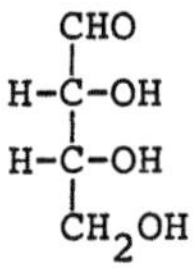

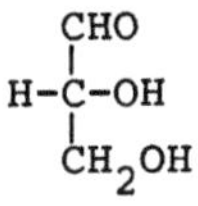

3.294   3.17.1 / 3.17.9   Fragentyp A

Welche Feststellung trifft **nicht** zu?
Die Verbindung mit der nachstehenden Formel

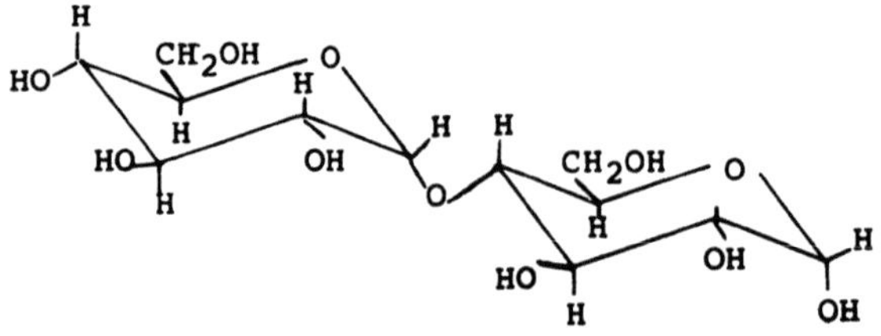

A. besteht aus Glucose und Galaktose
B. vermag Fehlingsche Lösung zu reduzieren
C. ist α-glykosidisch 1-4-verknüpft
D. ist ein Disaccharid
E. ist in der Sesselkonformation dargestellt

3.295   3.17.2   Fragentyp B

Ordnen Sie bitte den in Liste 1 angegebenen Zuckern die richtige Struktur aus Liste 2 zu.

Liste 1

1) L-Glucose
2) D-Fructose

Liste 2

A. 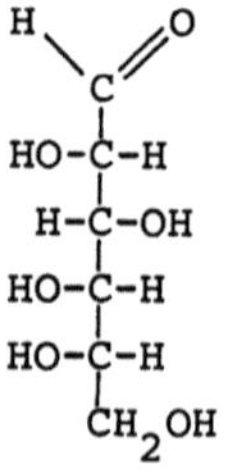
$$\begin{array}{c} H\diagdown\!\!\!\diagup O \\ C \\ HO-C-H \\ H-C-OH \\ HO-C-H \\ HO-C-H \\ CH_2OH \end{array}$$

B.
$$\begin{array}{c} CH_2OH \\ C=O \\ HO-C-H \\ H-C-OH \\ H-C-OH \\ CH_2OH \end{array}$$

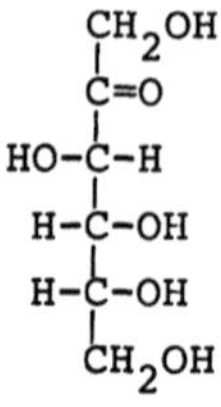

C.
$$\begin{array}{c} CH_2OH \\ C=O \\ H-C-OH \\ H-C-OH \\ H-C-OH \\ CH_2OH \end{array}$$

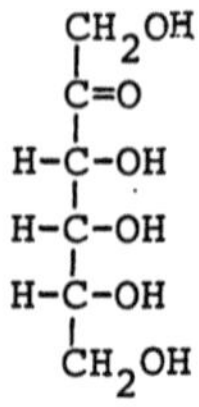

D.
```
    H    O
     \\ //
      C
   H-C-OH
  HO-C-H
   H-C-OH
   H-C-OH
     CH₂OH
```

E.
```
   CH₂OH
    |
    C=O
   H-C-OH
  HO-C-H
  HO-C-H
   CH₂OH
```

3.296   3.17.2   Fragentyp D

Die Verbindung
```
        CH₂OH
         |
         C=O
      HO-C-H
       H-C-OH
       H-C-OH
         CH₂OH
```

1) enthält drei Asymmetriezentren
2) reduziert Fehlingsche Lösung nicht
3) ist ein Halbacetal
4) ist eine D-Ketohexose
5) ist Bestandteil des Rohrzuckers

Wählen Sie bitte die zutreffende Aussagenkombination.

A. Nur 1 und 5 sind richtig
B. Nur 1, 2 und 4 sind richtig
C. Nur 1, 4 und 5 sind richtig
D. Nur 2, 3 und 5 sind richtig
E. Nur 3, 4 und 5 sind richtig

3.297 3.17.2 Fragentyp A

Welche Aussage trifft <u>nicht</u> zu?
α-D-Fructofuranose

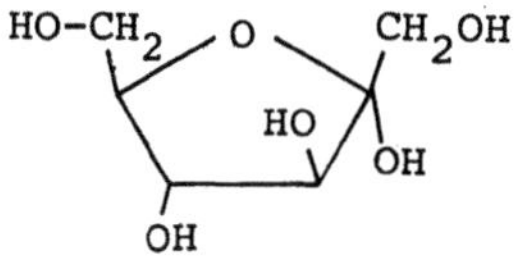

A. enthält vier Asymmetriezentren
B. ist eine Ketose
C. reduziert Fehlingsche Lösung
D. ist Bestandteil der Lactose
E. ist eine Hexose

3.298 3.17.3 Fragentyp A

Welche Aussage trifft zu?

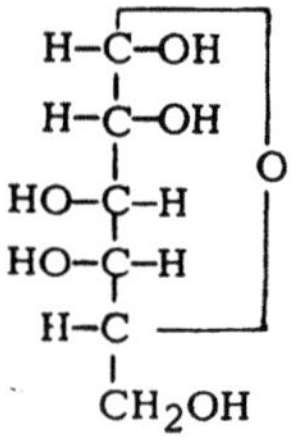

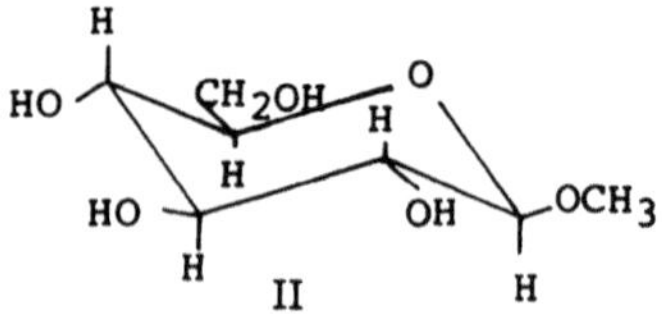

A. I und II sind Enantiomere.
B. I ist in der Fischerprojektion, II in der Sesselkonformation dargestellt.
C. II ist ein α-Methyl-glykosid.
D. I und II enthalten jeweils vier Asymmetriezentren.
E. I und II zeigen eine positive Fehling-Reaktion.

3.299   3.17.3 / 3.17.6   Fragentyp A

Welche Aussage trifft nicht zu?
Fructose

A. ist eine Ketohexose und besitzt an den C-Atomen 3, 4 und 5 die gleiche Konfiguration wie die Glucose
B. zeigt einen positiven Verlauf der Fehling-Reaktion
C. isomerisiert unter Einwirkung katalytischer Mengen an Säuren zu Galactose
D. liegt in Lösung als Furanosen/Pyranosen-Gemisch vor
E. bildet mit Phenylhydrazin ein Osazon, das mit dem Osazon der Glucose identisch ist

3.300   3.17.4   Fragentyp C

Glucose kann α- und β-Glykoside bilden,

weil

im Glucosemolekül durch Halbacetalbildung ein weiteres Asymmetriezentrum entsteht.

3.301   3.17.4   Fragentyp A

Die Anzahl der asymmetrischen C-Atome bei der β-D-Glucopyranose beträgt

A. 3   D. 6
B. 4   E. 7
C. 5

3.302   3.17.4   Fragentyp A

Welcher der angegebenen Zucker ist α-Methyl-glucopyranose?

A.

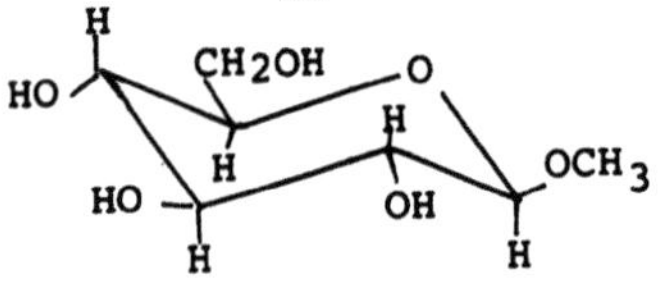

B.

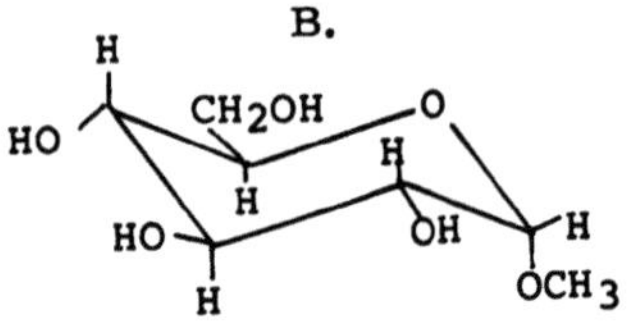

C.

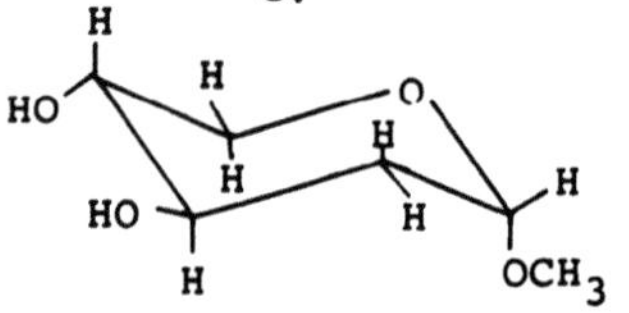

D.

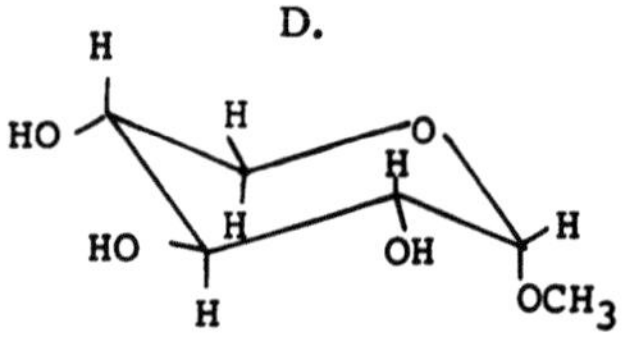

E.

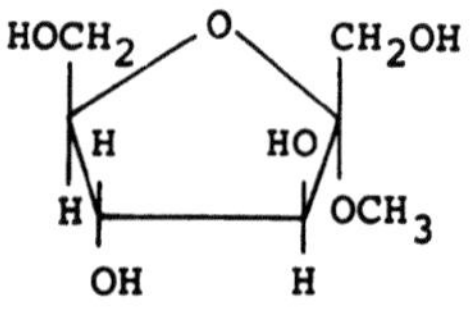

3.303   3.17.4   Fragentyp D

α-D-Glucopyranose

1) ist ein Monosaccharid
2) enthält fünf Chiralitätszentren
3) reduziert nicht Fehlingsche Lösung
4) ist ein Vollacetal
5) ist eine Aldohexose

Wählen Sie bitte die zutreffende Aussagenkombination.

A. Nur 5 ist richtig
B. Nur 2, 3 und 4 sind richtig

C. Nur 1, 2 und 5 sind richtig
D. Nur 1, 4 und 5 sind richtig
E. Nur 1, 2 und 3 sind richtig

	3.17.4	
3.304	3.17.5	Fragentyp A

Welche Aussage trifft nicht zu?
Der Zucker

A. ist β-D-Glucopyranose
B. zeigt eine positive Fehlingreaktion
C. besitzt vier asymmetrische C-Atome
D. liegt in der Halbacetalform vor
E. ist der Grundkörper der Cellulose und Stärke

3.305 3.17.5 Fragentyp D

Welche der vier angegebenen Aldosen sind zueinander enantiomer?

[Strukturformeln 1) bis 4) von Aldosen]

1) H-C(=O), H-C-OH, HO-C-H, H-C-OH, H-C-OH, CH₂OH
2) H-C(=O), HO-C-H, HO-C-H, H-C-OH, H-C-OH, CH₂OH
3) H-C(=O), HO-C-H, H-C-OH, HO-C-H, HO-C-H, CH₂OH
4) H-C(=O), H-C-OH, HO-C-H, H-C-OH, HO-C-H, CH₂OH

Wählen Sie bitte die zutreffende Aussagenkombination.

A. Es liegen keine Enantiomerenpaare vor
B. Nur 1 und 4 sind richtig
C. Nur 1 und 3 sind richtig
D. Nur 2 und 3 sind richtig
E. Nur 2 und 4 sind richtig

3.306 3.17.6 Fragentyp A

Welche Aussage trifft **nicht** zu?
Die Fehlingsche Reaktion zum Nachweis von Zuckern läßt sich folgendermaßen formulieren:

$R-CHO + 2\ Cu^{++} + 4\ OH^{-} \longrightarrow RCOOH + Cu_2O + 2\ H_2O$

Dabei

A. wird die Aldehydgruppe oxidiert
B. ändert das C-Atom 1 des Zuckers seine Oxidationsstufe
C. wird Cu^{++} zu Cu^{+} reduziert
D. wird auf jedes Cu^{++}-Ion jeweils ein Elektron übertragen
E. wirkt der Zucker als Oxidationsmittel

3.307   3.17.6   Fragentyp D

Eine positive Fehlingreaktion ergeben:

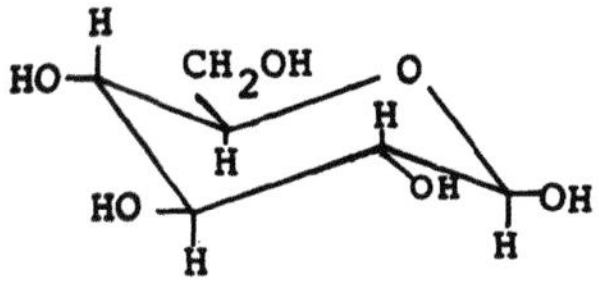

1)

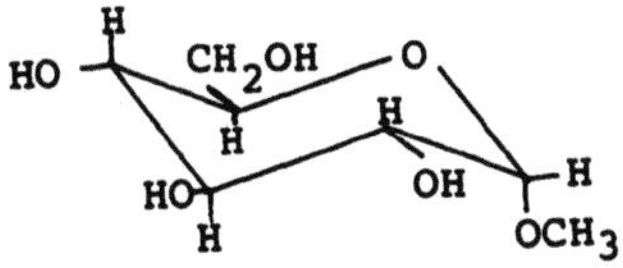

2)

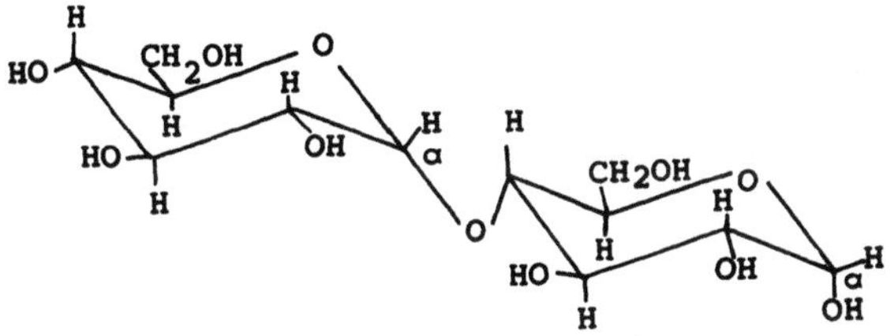

3)

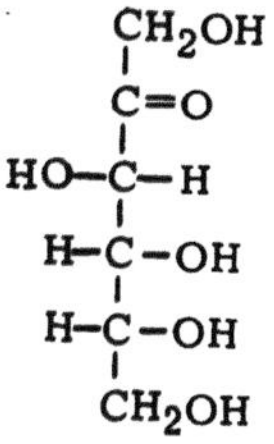

$$\begin{array}{c} CH_2OH \\ | \\ C=O \\ | \\ HO-C-H \\ | \\ H-C-OH \\ | \\ H-C-OH \\ | \\ CH_2OH \end{array}$$

4)

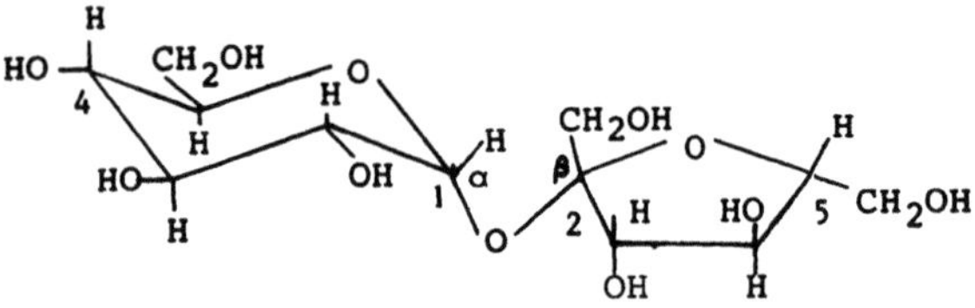

Wählen Sie bitte die zutreffende Aussagenkombination.

A. Nur 1 und 3 sind richtig
B. Nur 2 und 3 sind richtig
C. Nur 1, 4 und 5 sind richtig
D. Nur 1, 2 und 5 sind richtig
E. Nur 1, 3 und 4 sind richtig

3.308   3.17.6   Fragentyp D

Welche der angegebenen Substanzen können einen positiven Verlauf der Fehlingschen Reaktion zeigen?

1) Zucker
2) Peptide
3) Aldehyde
4) Ketone
5) Carbonsäuren

Wählen Sie bitte die zutreffende Aussagenkombination.

A. Nur 1 ist richtig
B. Nur 1 und 3 sind richtig
C. Nur 1, 3 und 4 sind richtig
D. Nur 2, 3 und 5 sind richtig
E. Nur 3, 4 und 5 sind richtig

3.309 3.17.6 / 3.17.7 Fragentyp D

Welche der angegebenen Hexosen bilden mit Phenylhydrazin dasselbe Osazon?

1) Galactose
2) Fructose
3) Glucose
4) Mannose
5) Gulose

Wählen Sie bitte die zutreffende Aussagenkombination.

A. Nur 1 und 2 sind richtig
B. Nur 1 und 3 sind richtig
C. Nur 2, 3 und 4 sind richtig
D. Nur 2, 3 und 5 sind richtig
E. Alle sind richtig

3.310 3.17.7 Fragentyp A

Mannose kann man von Glucose unterscheiden durch

A. die Fehlingsche Probe
B. Umsetzung mit ammoniakalischer Silbernitratlösung
C. Osazonbildung
D. Phenylhydrazonbildung
E. die Ninhydrinreaktion

3.311   3.17.8   Fragentyp B

Ordnen Sie bitte den in Liste 1 angegebenen Verbindungen die entsprechende Strukturformel aus Liste 2 zu.

Liste 1

1) Gluconsäure
2) Glucuronsäure

Liste 2

A.
```
    CHO
  H-C-OH
 HO-C-H
  H-C-OH
  H-C-OH
    COOH
```

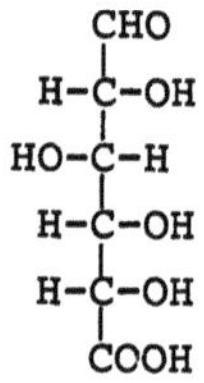

B.
```
    COOH
  H-C-OH
 HO-C-H
  H-C-OH
  H-C-OH
    CH_2OH
```

C.
```
    COOH
  H-C-OH
 HO-C-H
  H-C-OH
  H-C-OH
    CH_3
```

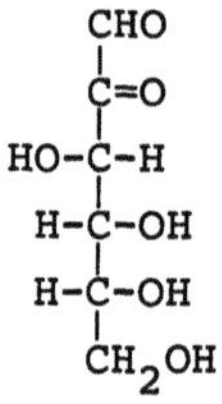

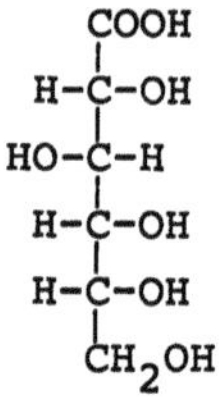

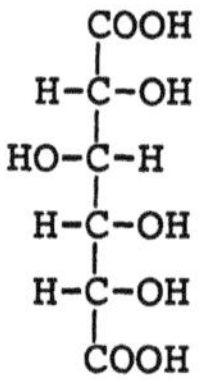

D.
```
    CHO
    C=O
 HO-C-H
  H-C-OH
  H-C-OH
    CH_2OH
```

E.
```
    COOH
  H-C-OH
 HO-C-H
  H-C-OH
  H-C-OH
    COOH
```

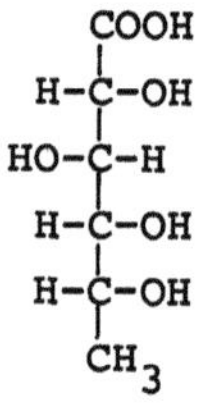

3.312   3.17.9   Fragentyp C

Rohrzucker vermag Fehlingsche Lösung zu reduzieren,

<u>weil</u>

Rohrzucker aus Glucose und Fructose besteht.

Antwortenschlüssel

1. Allgemeine Chemie

1.01	C	1.46	C	1.91	E
1.02	E	1.47	D	1.91	C
1.03	1D, 2B, 3A	1.48	A	1.92	B
1.04	C	1.49	D	1.93	B
1.05	D	1.50	C	1.94	B
1.06	D	1.51	A	1.95	E
1.07	C	1.52	D	1.96	E
1.08	C	1.53	D	1.97	A
1.09	A	1.54	1C, 2D	1.98	E
1.10	C	1.55	E	1.99	A
1.11	D	1.56	E	1.100	D
1.12	E	1.57	C	1.101	C
1.13	B	1.58	B	1.102	C
1.14	E	1.59	C	1.103	E
1.15	1B, 2C	1.60	1B, 2D	1.104	E
1.16	A	1.61	A	1.105	E
1.17	A	1.62	D	1.106	B
1.18	B	1.63	1D, 2A, 3B	1.107	D
1.19	A	1.64	D	1.108	E
1.20	D	1.65	C	1.109	E
1.21	E	1.66	B	1.110	1C, 2D, 3E
1.22	C	1.67	E	1.111	1B, 2B, 3B
1.23	B	1.68	B	1.112	E
1.24	D	1.69	D	1.113	D
1.25	A	1.70	B	1.114	C
1.26	D	1.71	1B, 2B	1.115	E
1.27	A	1.72	E	1.116	A
1.28	B	1.73	C	1.117	C
1.29	C	1.74	E	1.118	E
1.30	1C, 2B	1.75	C	1.119	D
1.31	B	1.76	A	1.120	C
1.32	A	1.77	A	1.121	A
1.33	E	1.78	E	1.122	C
1.34	D	1.79	A	1.123	B
1.35	E	1.80	E	1.124	A
1.36	C	1.81	E	1.125	D
1.37	B	1.82	B	1.126	A
1.38	B	1.83	A	1.127	C
1.39	A	1.84	D	1.128	C
1.40	B	1.85	C	1.129	1D, 2C
1.41	A	1.86	D	1.130	D
1.42	D	1.87	D	1.131	A
1.43	D	1.88	C	1.132	D
1.44	C	1.89	C	1.133	B
1.45	C	1.90	E	1.134	C

1.135	B	1.172	A	1.209	1C, 2B, 3A
1.136	C	1.173	A	1.210	B
1.137	A	1.174	D	1.211	1B, 2E
1.138	D	1.175	D	1.212	1C, 2C
1.139	B	1.176	B	1.213	A
1.140	D	1.177	B	1.214	1D, 2C
1.141	D	1.178	B	1.215	A
1.142	C	1.179	A	1.216	D
1.143	1A, 2B	1.180	A	1.217	B
1.144	D	1.181	D	1.218	D
1.145	A	1.182	E	1.219	C
1.146	A	1.183	1D, 2A	1.220	B
1.147	E	1.184	C	1.221	D
1.148	C	1.185	B	1.222	D
1.149	E	1.186	D	1.223	D
1.150	E	1.187	B	1.224	B
1.151	D	1.188	D	1.225	C
1.152	1C, 2E	1.189	C	1.226	1E, 2B
1.153	C	1.190	D	1.227	C
1.154	C	1.191	D	1.228	D
1.155	B	1.192	C	1.229	A
1.156	1B, 2A	1.193	D	1.230	A
1.157	D	1.194	C	1.231	A
1.158	E	1.195	E	1.232	D
1.159	A	1.196	E	1.233	C
1.160	D	1.197	D	1.234	B
1.161	C	1.198	1C, 2B, 3D	1.235	C
1.162	C	1.199	D	1.236	A
1.163	E	1.200	B	1.237	D
1.164	B	1.201	C	1.238	D
1.165	E	1.202	1B, 2E	1.239	D
1.166	D	1.203	C	1.240	1B, 2C, 3E
1.167	B	1.204	C	1.241	1A, 2C
1.168	D	1.205	A	1.242	C
1.169	A	1.206	D	1.243	B
1.170	E	1.207	E	1.244	E
1.171	A	1.208	C	1.245	1B, 2C
				1.246	C

2. Anorganische Chemie

2.01	C	2.12	A	2.23	1E, 2B
2.02	D	2.13	D	2.24	1D, 2B
2.03	C	2.14	D	2.25	C
2.04	A	2.15	1C, 2E	2.26	C
2.05	D	2.16	1B, 2C	2.27	C
2.06	C	2.17	D	2.28	A
2.07	D	2.18	E	2.29	D
2.08	A	2.19	A	2.30	A
2.09	E	2.20	E	2.31	1A, 2C
2.10	E	2.21	E	2.32	B
2.11	1E, 2A	2.22	1C, 2A	2.33	B

2.34	D	2.40	C	2.46	A	2.52	C
2.35	E	2.41	D	2.47	D	2.53	C
2.36	D	2.42	1A, 2E	2.48	A	2.54	D
2.37	D	2.43	E	2.49	D		
2.38	1E, 2E, 3D	2.44	A	2.50	C		
2.39	D	2.45	D	2.51	C		

3. Organische Chemie

3.01	C	3.43	E	3.85	A	
3.02	C	3.44	A	3.86	A	
3.03	1A, 2E	3.45	C	3.87	E	
3.04	1B, 2B	3.46	E	3.88	E	
3.05	E	3.47	A	3.89	D	
3.06	D	3.48	B	3.90	E	
3.07	B	3.49	A	3.91	D	
3.08	D	3.50	C	3.92	1B, 2D	
3.09	D	3.51	1A, 2B	3.93	A	
3.10	B	2.52	C	3.94	1B, 2A	
3.11	1B, 2B	3.53	A	3.95	B	
3.12	B	3.54	1A, 2D	3.96	D	
3.13	1C, 2B	3.55	C	3.97	C	
3.14	A	3.56	1C, 2D	3.98	D	
3.15	B	3.57	D	3.99	C	
3.16	A	3.58	D	3.100	1D, 2A	
3.17	B	3.59	E	3.101	B	
3.18	B	3.60	1B, 2E	3.102	C	
3.19	C	3.61	D	3.103	B	
3.20	1C, 2D	3.62	A	3.104	A	
3.21	B	3.63	D	3.105	A	
3.22	1D, 2E	3.64	C	3.106	E	
3.23	1B, 2C	3.65	D	3.107	E	
3.24	D	3.66	A	3.108	C	
3.25	A	3.67	E	3.109	B	
3.26	D	3.68	D	3.110	B	
3.27	A	3.69	C	3.111	C	
3.28	E	3.70	E	3.112	B	
3.29	B	3.71	E	3.113	A	
3.30	1D, 2B	3.72	A	3.114	B	
3.31	A	3.73	A	3.115	C	
3.32	A	3.74	1A, 2E	3.116	C	
3.33	D	3.75	D	3.117	C	
3.34	1A, 2B	3.76	A	3.118	A	
3.35	E	3.77	D	3.119	1C, 2A	
3.36	A	3.78	D	3.120	D	
3.37	D	3.79	A	3.121	B	
3.38	B	3.80	C	3.122	B	
3.39	D	3.81	D	3.123	B	
3.40	B	3.82	B	3.124	C	
3.41	A	3.83	D	3.125	E	
3.42	1A, 2B	3.84	1D, 2A	3.126	1E, 2B, 3D	

3.127	E	3.181	B	3.235	D
3.128	C	3.182	D	3.236	C
3.129	A	3.183	E	3.237	B
3.130	C	3.184	D	3.238	A
3.131	1C, 2A	3.185	B	3.239	D
3.132	B	3.186	D	3.240	A
3.133	C	3.187	E	3.241	A
3.134	D	3.188	1B, 2C	3.242	D
3.135	D	3.189	C	3.243	C
3.136	A	3.190	B	3.244	E
3.137	C	3.191	E	3.245	D
3.138	1B, 2D	3.192	A	3.246	1A, 2C
3.139	A	3.193	C	3.247	C
3.140	A	3.194	E	3.248	A
3.141	A	3.195	A	3.249	1B, 2C, 3E
3.142	D	3.196	1B, 2C	3.250	C
3.143	A	3.197	D	3.251	A
3.144	E	3.198	C	3.252	B
3.145	B	3.199	E	3.253	C
3.146	E	3.200	B	3.254	D
3.147	C	3.201	B	3.255	D
3.148	D	3.202	1B, 2E	3.256	1D, 2B
3.149	E	3.203	E	3.257	B
3.150	E	3.204	C	3.258	D
3.151	D	3.205	B	3.259	D
3.152	1A, 2B	3.206	D	3.260	C
3.153	E	3.207	E	3.261	B
3.154	C	3.208	C	3.262	E
3.155	C	3.209	A	3.263	D
3.156	C	3.210	C	3.264	C
3.157	C	3.211	B	3.265	A
3.158	1C, 2D	3.212	C	3.266	C
3.159	D	3.213	1A, 2D	3.267	C
3.160	D	3.214	B	3.268	E
3.161	C	3.215	B	3.269	A
3.162	D	3.216	1B, 2A	3.270	D
3.163	E	3.217	D	3.271	C
3.164	1A, 2D	3.218	C	3.272	C
3.165	B	3.219	C	2.273	1B, 2C
3.166	1A, 2A	3.220	B	3.274	B
3.167	1E, 2B	3.221	C	3.275	1D, 2C
3.168	E	3.222	E	3.276	1B, 2C
3.169	1C, 2B	3.223	1B, 2A	3.277	E
3.170	A	3.224	1C, 2A	3.278	E
3.171	E	3.225	1A, 2E	3.279	C
3.172	A	3.226	C	3.280	B
3.173	A	3.227	1D, 2E	3.281	E
3.174	E	3.228	C	3.282	B
3.175	D	3.229	A	3.283	C
3.176	A	3.230	E	3.284	C
3.177	B	3.231	C	3.285	1B, 2D
3.178	C	3.232	C	3.286	A
3.179	E	3.233	C	3.287	D
3.180	E	3.234	D	3.288	A

3.289	E	3.298	B	3.307	E
3.290	D	3.299	C	3.308	B
3.291	C	3.300	A	3.309	C
3.292	C	3.301	C	3.310	D
3.293	1A, 2C	3.302	B	3.311	1B, 2A
3.294	A	3.303	C	3.312	D
3.295	1A, 2B	3.304	C		
3.296	C	3.305	C		
3.297	D	3.306	E		

Heidelberger Taschenbücher
Basistext Pharmazie
Band 198

H. P. Latscha, H. A. Klein, J. Kessel

Pharmazeutische Analytik

Begleittext zum Gegenstandskatalog GKP 1

1979. 119 Abbildungen, 33 Tabellen.
Etwa 480 Seiten.
DM 27,80; US $ 15.30
ISBN 3-540-09259-5
Preisänderungen vorbehalten

Inhaltsübersicht: Qualitative Analyse. – Grundlagen der quantitativen Analyse. – Klassische quantitative Analyse. – Elektroanalytische Verfahren. – Optische und spektroskopische Analyseverfahren. – Grundlagen der chromatographischen Analyseverfahren. – Spezielle Methoden des DAB 7 und des Ph. Eur. – Sachverzeichnis.

Dieses Buch behandelt die Grundlagen der Analytischen Chemie. In Stoffauswahl und Anordnung lehnt es sich eng an den Gegenstandskatalog GKP 1 an. Es dient als Lernhilfe für Pharmaziestudenten zur Vorbereitung auf die Vorprüfung. Verwendet werden kann es auch für Praktika in Analytischer Chemie und Trennmethodenkurse. Ausführlich behandelt werden die Qualitative und Quantitative Analyse (einschließlich der Arzneibuchmethoden), elektrochemische, optische sowie chromatographische Verfahren.

Springer-Verlag
Berlin
Heidelberg
New York

Heidelberger Taschenbücher
Basistext Pharmazie
Band 183

H. P. Latscha, H. A. Klein, R. Mosebach

Chemie für Pharmazeuten

Begleittext zum Gegenstandskatalog GKP 1

2., überarbeitete und erweiterte Auflage.
1979. 134 Abbildungen, 41 Tabellen.
VIII, 521 Seiten.
DM 24,80; US $ 13.70
ISBN 3-540-08989-6
Preisänderungen vorbehalten

Inhaltsübersicht: Allgemeine Chemie. – Anorganische Chemie. – Organische Chemie.

Dieses Buch ist in erster Linie für Pharmaziestudenten gedacht. Es eignet sich jedoch auch für andere pharmazeutische Ausbildungszweige. Die logische Abfolge der Lehrinhalte machte in mehreren Fällen eine Änderung der im Gegenstandskatalog angegebenen Reihenfolge erforderlich. Um die Koordinierung mit dem Katalog zu ermöglichen, wurden die Nummern der Lernziele am linken Seitenrand angegeben, ferner eine Zuordnungstabelle „Lernziel-Seitenzahl" aufgenommen.

Springer-Verlag
Berlin
Heidelberg
New York

Die vorliegende zweite korrigierte Auflage berücksichtigt weitgehend die bis jetzt eingegangenen Vorschläge.

MIX
Papier aus verantwortungsvollen Quellen
Paper from responsible sources
FSC® C105338

If you have any concerns about our products,
you can contact us on
ProductSafety@springernature.com

In case Publisher is established outside the EU,
the EU authorized representative is:
**Springer Nature Customer Service Center GmbH
Europaplatz 3, 69115 Heidelberg, Germany**

Printed by Libri Plureos GmbH
in Hamburg, Germany